처음 읽는 양자컴퓨터 이야기

RYOSHI COMPUTER GA HONTO NI WAKARU!
DAIISSEN KAIHATSUSHA GA YASASHIKU AKASU SHIKUMI TO KANO-
SEI by Shuntaro Takeda

Copyright © 2020 Shuntaro Takeda

All rights reserved.

Original Japanese edition published by Gijutsu-Hyoron Co., Ltd., Tokyo

This Korean language edition published by arrangement with Gijutsu-Hyoron Co., Ltd.,
Tokyo in care of Tuttle-Mori Agency, Inc., Tokyo through EntersKorea Co., Ltd., Seoul.

처음 읽는 양자컴퓨터 이야기

다케다 슌타로 지음 ㅣ 전종훈 옮김

김재완(고등과학원) 감수

양자컴퓨터,
그 오해와 진실
개발 최전선에서
가장 쉽게 설명한다!

플루토

개발 최전선에서 이야기하는
양자컴퓨터의 원리와 가능성

최근에는 신문이나 인터넷 기사 등에서 양자컴퓨터에 관한 뉴스를 다루는 일이 늘어나면서 많은 사람들이 그 존재는 알고 있다. 그런데 도대체 양자컴퓨터란 무엇인가? 아마 대부분은 모를 것이다. 나는 양자컴퓨터가 무엇인지 궁금해서 이 책을 펼친 독자에게 양자컴퓨터의 원리와 활용 가능성을 본질적인 부분부터 설명하기 위해 이 책을 썼다.

지금 세계적으로 주목을 받고 있는 양자컴퓨터는 차세대 초고속 컴퓨터다. 많은 사람들 사이에서 회자되고 있지만 그 실체는 널리 알려지지 않고 있고, 표면적인 설명에만 그치는 뉴스들은 '어쨌든 양자컴퓨터는 계산이 빠르다', '양자컴퓨터는 조만간 실현된다'라며 기대감만 부풀리고 있다. 양자컴퓨터의 본질을 쉽게 이해할 수 있도록 정확하게 전해주는 매체도 없다.

양자컴퓨터를 실제로 개발하고 있는 나는 그 실체를 누구나 이해할 수 있도록 전하고 싶다는 생각에 이 책을 쓰게 됐다. 현재 양자컴퓨터를 개발하고 있는 사람으로서 양자컴퓨터가 계산을 수행하는 원리는 물론이고, 그 장치의 모습과 개발 환경의 분위기 등을 독자들에게 생생하게 전달하고 싶다.

이 책은 사람들이 양자컴퓨터에 대해 가장 궁금해 하는 점과 양자컴퓨터의 본질에 관해 설명한다. 독자는 이 책을 통해 '양자컴퓨터는 지금의 컴퓨터와 어떻게 다른가?', '양자컴퓨터는 우리에게 어떤 도움을 주는가?', '양자컴퓨터는 어째서 계산이 빠른가?', '양자컴퓨터의 겉모습은 어떤가?', '현재 개발 상황은 어떤가?'와 같은 궁금증이 많이 풀릴 것이다.

특히 마지막 장에서는 내가 개발하고 있는 양자컴퓨터 장치를 소개하면서 개발 환경의 구체적인 모습과 현장감을 맛볼 수 있도록 했다. 사실을 전달하기 위해 부정적인 정보도 숨김없이 알렸다. 이런 내용은 신문이나 인터넷 기사만으로는 좀처럼 접하기 힘들다. 무엇보다 양자컴퓨터를 제대로 이해한다면 앞으로 세상을 바꿀지도 모를 양자컴퓨터라는 미래 기술의 원리와 가능성에 가슴이 뛸 것이다. 이 책이 양자컴퓨터에 흥미가 있는 여러분에게 첫걸음이 되길 바란다.

다케다 슌타로

가장 현실적인 지점에서
양자컴퓨터의 가능성을 이야기하다

양자물리학이 시작된 지 120년이 지난 현재, 양자컴퓨터, 양자암호통신, 양자텔레포테이션, 양자센서 등 양자정보기술에 대한 관심이 높아지고 있다. 1900년 막스 플랑크가 양자물리학 관련 첫 논문을 출판한 이후, 양자물리학은 20세기 물질 문명을 주도해왔다. 이제 우리 주변에서 볼 수 있는 거의 모든 것이 양자물리학 원리를 바탕으로 하고 있다. 원자와 분자 등 물질의 구성 원리를 양자물리학으로 이해하게 되자, 새로운 물질을 합성할 수 있게 되었다. 컴퓨터의 진공관을 반도체 소자인 트랜지스터로 대체할 수 있게 된 것도, 양자물리학이 반도체 소자의 원리를 제공하였기 때문에 가능한 일이었다.

'작게 더 작게' 만드는 나노테크놀로지 덕분에 트랜지스터의 크기는 센티미터 수준에서 이제 나노미터 수준에 도달하고 있다. 단위면적당 들어가는 트랜지스터의 수를 나타내는 반도체 집적도는 '무어의 법칙'대로 3년에 4배씩 늘어나 정보 용량으로 킬로바이트를 따지던 것이 기가바이트를 지나, 테라바이트를 넘어선 지도 오래다. 이렇게 양자물리학은 아주 오래전부터 컴퓨터에 쓰였는데, 그것들은 양자컴퓨터가 아니었던가?

아니다. 요즘 우리가 쓰고 있는 디지털컴퓨터에도 당연히 양자물리학 원리가 쓰이지만, 여기서 양자물리학은 하드웨어의 원리로만 쓰일 뿐 디지털정보 그 자체와 이를 다루는 방식인 소프트웨어와 운영체제는 수학과 정보이론을 기반으로 하고 있어 양자물리학과는 전혀 관계가 없다. 즉 0이나 1, 디지털정보의 단위인 비트를 이해하고 다루는 데에는 양자물리학이 전혀 쓰이지 않는다는 말이다.

0과 1뿐 아니라 0과 1이 동시에 될 수 있는 양자비트 또는 큐비트를 이해하고, 이를 이용한 새로운 방식으로 정보처리와 통신을 하는 데에는 양자물리학이 필수적이다. 큐비트 하나는 0과 1 두 가지를 한꺼번에 나타낼 수 있다. 우리가 현재 사용하는 비트와의 차이를 간단하게 드러내는데, 큐비트가 20개 있으면 비트 20개에 해당하는 정보인 2의 20제곱, 즉 약 100만 가지 경우를 한꺼번에 '중첩'하여 다룰 수 있다. 어마어마한 차이다. 디지털컴퓨터는 계산 자원이 늘어나면 계산 능력이 기껏해야 비례하는 정도로 늘어나지만, 양자컴퓨터는 큐비트 개수가 늘어나면 계산 공간이 지수함수적으로 늘어난다. 그렇지만 아무 문제나 양자컴퓨터가 디지털컴퓨터보다 뛰어난 능력으로 해결할 수 있는 것은 아니다.

《처음 읽는 양자컴퓨터 이야기》의 저자인 도쿄대학교 다케다 슌타로 교수는, 양자컴퓨터와 관련하여 대중에게 알려진 대표적인 오해 몇 가지를 언급하면서 이 책을 시작한다. '양자컴퓨터는 온갖 계산을 빠르게 처리한다', '양자컴퓨터는 병렬로 계산하기 때문에 빠르다', '양자컴퓨터는 곧 실용화된다' 등과 같은 오해는 양자물리학과 양자컴퓨터의 원리를 잘 모르는 일반 대중에게 새로운 기술이 부정확하고 과장되게 알려지면서 생겨났다고 설명한다.

그럼 지금 폭발적 관심을 끌고 있는 양자컴퓨터는 허상인가? 역시 아니다. 미리 실망할 필요는 없다. 새로운 과학지식은 새로운 기술을 낳고, 그 기술로 새로운 지식을 탐구하게 된다. 과학과 기술은 그렇게 상승작용을 한다. 지구가 둥글다는 지식을 바탕으로 새로운 항로를 개척하러 나선 이들이 있었다. 지난 세기 방대한 기술혁명의 바탕이 된 양자물리학에서는 뽑아낼 지식과 정보와 기술이 여전히 많고, 어디가 끝인지도 알 수 없다. 새 항로 개척에 나섰다가 잘못된 길로 들어설 수도 있겠지만, 뒤로 돌아가는 일은 없을 것이다.

이 책의 저자인 다케다 슌타로 교수는 도쿄대학교에서 빛의 양자물리학인 양자광학에 기반한 양자컴퓨터를 연구하고 있다. 양자물리학의 원리를 설명하면서 이 책을 시작한 저자는 양자컴퓨터로 능력을 발휘할 수 있는 문제들을 소개하고, 마지막에 실제로 양자컴퓨터를 어떻게 만드는지 보여준다.

디지털컴퓨터가 주로 실리콘 반도체 기술을 기반으로 만들어진 것과 달리, 양자컴퓨터는 무엇을 가지고 어떤 방식으로 만드는 것이 더 나은지 아직은 알 수 없다. 이 책에서는 '초전도체 회로 방식', '이온 방식', '반도체 방식'과 함께 저자의 전공인 '광 방식'을 중심으로 양자컴퓨터 개발 방식을 소개하고 있다. 물론 그 안에도 다양한 방식이 있을 뿐 아니라 이밖에도 수많은 방식이 제안되어 경쟁 중이다.

우리나라는 디지털정보기술에 있어서는 강력한 경쟁력을 가지고 있지만, 양자정보기술에 있어서는 미국, 중국, 유럽, 일본 등에 많이 뒤처져 있다. 우리나라가 잘나가는 나노테크놀로지와 디지털기술에 너무 오래 머물렀던 탓도 있다. 이 책이 우리 젊은 세대에 도전정신을 일깨워 새로운 지식과 새로운 기술에 도전하는 계기가 되길 바라며, 좋은 책을 저술해주신 다케다 슌타로 교수, 번역가 전종훈 선생, 출판사 플루토에 양자정보연구자로서 깊이 감사드린다.

고등과학원 부원장 김재완 교수

| 차례 |

4장 • 양자컴퓨터의
계산이 빠른 진짜 이유

5장 • 양자컴퓨터,
어떻게 만들까?

6장 • 지극히 현실적인
광 양자컴퓨터 개발 현장의 최전선

양자컴퓨터는
미래의 만능 비밀 도구인가?

양자컴퓨터는
미래의 비밀 도구?

'양자컴퓨터'라는 말을 들어본 적이 있는가? '양자컴퓨터'라는 말을 들으면 어떤 이미지가 떠오르는가?

검색 엔진에서 '양자컴퓨터'를 검색하면 기사 등 다양한 글을 찾을 수 있다. 그 가운데는 '초병렬 계산을 가능하게 하는 꿈의 컴퓨터', '현대의 슈퍼컴퓨터보다도 1억 배 빠르다'와 같이 눈길을 끄는 문구를 종종 볼 수 있다. 그런 반면, 양자컴퓨터의 원리를 상세히 다루는 글은 그다지 많지 않다.

내 경험상, 이런 인터넷 기사를 읽은 사람들은 양자컴퓨터에 관해 '양자컴퓨터의 원리는 모르지만, 어떤 문제라도 순식간에 풀어주는 컴퓨터겠지. 도라에몽의 4차원 주머니에서 나오는 비밀 도구처럼 정체를 알 수 없는 미래의 도구일 거야'라는 이미지를 가지는 것 같다.

하지만 현실의 양자컴퓨터는 '정체를 알 수 없는' 것이 아니다. 어디까지나 현대의 일반적인 컴퓨터를 기반으로 해서 더욱 발전시킨 컴퓨터의 일종이다. 누구에게나 컴퓨터는 친숙하다. 스마트폰, 태블릿, 데스크톱 등을 비롯하여 일부 기업이나 연구 기관에는 슈퍼컴퓨터라는 대형 컴퓨터도 있다. 이런 컴퓨터는 겉모습은 다르지만, 그 내용물은 거의 같다. 모두 같은 원리로 정보를 기억하고 계산을 수행한다. 양자컴퓨터는 이렇게 현대의 컴퓨터(아직 개발 중인 양자컴퓨터와 구분해 현재 널리 쓰이고 있는 컴퓨터)가 정보를 처리하는 원리를 기반으로 하는 동시에, '양자'라는 새로운 성질을 더해 기능을 향상한 것(그림 1-1)이다.

'양자'라는 단어가 익숙하지는 않겠지만, 간단히 말하면 물질의 구성 단위인 원자나 원자를 만드는 전자, 양성자, 빛의 구성 단위인 광자 등을 가리킨다. 양자는 평소에 알아차리지 못하는 신기한 성질을 가지고 있는데, 양자컴퓨터는 양자의 그런 성질을 활용한다. 그래서 특수한 종류의 문제를 풀 때는 지금의 컴퓨터보다 압도적으로 빨리 답을 구할 수 있다. 양자컴퓨터의 능력을 최대한으로 활용하면, 지구의 에너지 문제를 해결하거나, 의료 기술을 발전시켜서 장수 사회를 만들거나, 고도의 인공지능을 지닌 로봇을 만들 수도 있다.

양자컴퓨터는 애니메이션의 세계에서나 나올 법한 '미래의 도구'가 아니라 이미 존재하는 물건이다. 놀랄지도 모르겠지만, IBM에서 2019년 1월부터 양자컴퓨터를 판매하기 시작했다(가격은 공개되지 않았지만, 상당히 비쌀 것으로 예상한다). 그뿐만 아니라 IBM은 인터넷에서 무료로 양자컴퓨터를 사용할 수 있는 서비스도 제공한다. 이 책을 읽고 있는 독자도 지금 당장 양자컴퓨터를 이용해볼 수 있다. 상당히 통 큰 서비스다. 게다가 2019년 10월에는 구글이 "최첨단 슈퍼컴퓨터로도 푸

그림 1-1　현대의 컴퓨터와 양자컴퓨터는 어떤 관계인가?

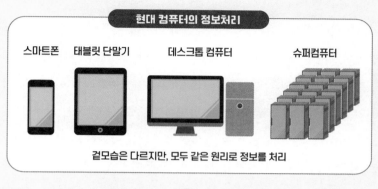

현대 컴퓨터의 정보처리

스마트폰　　태블릿 단말기　　　데스크톱 컴퓨터　　　　슈퍼컴퓨터

겉모습은 다르지만, 모두 같은 원리로 정보를 처리

+

'양자'의 성질

=

양자컴퓨터

파워업

는 데 1만 년 걸리는 문제를 우리 회사의 양자컴퓨터가 200초 만에 풀었다"라고 발표하면서 세상을 떠들썩하게 만들었다.

이처럼 양자컴퓨터는 더는 공상이 아니라 분명한 실체를 가진 컴퓨터다. 다만 경솔하게 지레짐작하면 안 된다. 양자컴퓨터가 이미 존재한다고 해도, 현재의 양자컴퓨터는 진정한 양자컴퓨터의 미니어처 버전인 '장난감'이라고 할 수 있다. 양자컴퓨터처럼 동작하긴 하지만, 결코 도움이 될 만한 계산을 할 수 있는 컴퓨터는 아니라는 말이다. 정말로 세상에 도움이 되는 양자컴퓨터는 하루아침에 만들 수 있는 것이 아니다. 현재 전 세계의 연구자들이 지혜를 짜내어 양자컴퓨터 개발에 힘쓰고 있으며, 나도 양자컴퓨터의 매력에 사로잡혀서 이를 개발하고 있는 연구자 중 한 사람이다.

양자컴퓨터는 세상에 이미 등장한 컴퓨터임을 독자 여러분이 조금은 실감하길 바란다. 이미 애니메이션이나 영화 속 상상의 물건이 아니라는 것이다. 그렇지만 진짜로 쓸모 있는 물건이 되려면 아직 갈 길이 먼 것도 사실이다. 양자컴퓨터가 정말로 세상에 도움이 되는 수준까지 발전하려면 몇 년이 걸릴지는 알 수 없지만, 양자컴퓨터가 실현된다면 우리의 생활을 크게 바꾸는 '혁명'이 일어날지도 모른다. 왠지 가슴이 두근거리지 않는가?

뜨겁게 불고 있는
양자컴퓨터 붐

지금 전 세계는 양자컴퓨터 붐이 한창이다. 내가 양자컴퓨터 연구를 시작한 것은 대학에서 처음 연구실에 배속된 2009년의 일이다. 이 무렵 양자컴퓨터라는 단어는 전문가 사이에서만 사용되는 전문 용어였다. 대학 연구실 밖에서는 양자컴퓨터를 연구한다고 해도 알아듣는 사람이 없었다.

그러다가 2014년 무렵부터 전 세계적으로 급격하게 양자컴퓨터를 주목하게 되었다. 그 계기가 된 사건 중 하나가 2014년 구글이 전 세계적으로 양자컴퓨터 개발 분야에서 가장 앞선 미국의 대학 연구팀을 통째로 사들여서 "우리 회사에서 양자컴퓨터를 개발하겠다"라고 선언한 것이다. 그때까지만 해도 양자컴퓨터는 대학 등에서 기초 연구를 수행하던 수준이라 장래성은 분명하지 않았다. 그런데 구글이라는 누구나 아는 대기업이 양자컴퓨터를 개발한다고 하니 '틀림없이 장래가 유망한 기술이겠지'라며 많은 사람이 주목하게 된 것이다. 그 후에 붐은 한층 가속되어서 지금은 신문기사나 인터넷 뉴스에서도 일상적으로 양자컴퓨터를 다루게 되었다. 이제는 사람들 사이에서도 양자컴퓨터라는 단어가 자리를 잡아가는 중이다. 이렇게 분위기가 고조되리라고는 그 누구도 예상하지 못했을 것이다.

나는 양자컴퓨터 개발에 몸담고 있어서 양자컴퓨터 개발 경쟁이 날로 심해지는 것을 실감한다. 특히 유럽과 미국, 중국 등은 국가 방침까지 정해서 양자컴퓨터 개발에 상당한 힘을 쏟고 있다. 각국은 양자컴퓨터 개발을 위해 자국의 대학이나 연구기관에 수천억 원에서 수조 원에 이르는 엄청난 연구 자금을 투입하고 있다. 또한 구글을 비롯해 IBM, 인텔, 마이크로소프트와 같은 IT 대기업들이 독자적으로 양자컴퓨터를 개발하고 있다. 일본에서도 이런 흐름에 뒤처져서는 안 된다는 판단 아래, 국가적인 차원에서 양자컴퓨터 연구에 대규모 투자가 이루어지기 시작했다.

왜 이렇게 많은 나라가 양자컴퓨터를 만들겠다고 기를 쓰고 있을까? 그 이유는 양자컴퓨터에 세상을 크게 바꿀 능력이 있기 때문이다. 양자컴퓨터의 성능 향상이 스마트폰이나 개인용 컴퓨터의 성능 향상을 의미하는 것은 아니다. 하지만 지금 우리 주변의 서비스나 제품 대부분은 컴퓨터의 성능에 의지하고 있으므로 양자컴퓨터의 성능이 향상되면 그런 서비스와 제품의 질이 극적으로 향상될 가능성이 있다.

예를 들어 자동차 엔진 개발, 항공기 기체 형상 설계 등은 컴퓨터가 없으면 수행할 수 없다. 치료 약을 개발할 때도 컴퓨터는 필수다. 만들어낸 신약 후보 물질에 어떤 효과와 부작용이 있는지 컴퓨터로 계산하면서 개발하기 때문이다. 매일의 일기예보는 컴퓨터로 대기의 흐름을 계산해서 예측한다. 그뿐만 아니라 유튜브를 열면 사용자에 맞춰 추천 영상이 표시된다거나, 청소 로봇이 장애물을 피하면서 최적 경로를 찾아 청소하는 식으로 우리도 항상 컴퓨터의 도움을 받는다. 따라서 컴퓨터의 성능이 향상되면 지금까지 누려온 다양한 서비스와 제품의 질이 더욱 향상되어 세상이 극적으로 풍요로워질 수 있다. 고성능 컴퓨터를 손에 넣으면 과학기술은 진보하고, 기업은 성장하며, 국가의 경제성장과 안전보장에도 도움이 될 것이다. 그러므로 국가 수준에서도, 기업 수준에서도, 양자컴퓨터를 먼저 만들기 위해 필사적이다.

그렇다고는 해도 지금과 같은 급격하게 고조된 분위기는 비정상적이다. 어떤 기술적인 혁신이 일어나서 갑자기 양자컴퓨터가 나타난 것처럼 생각하는 사람들이 많지만, 나는 예전부터 양자컴퓨터를 연구해왔기에 딱히 대단한 혁신이 일어난 게 아니란 것을 알고 있다. 오히려 양자컴퓨터는 지금까지 수십여 년의 기초 연구를 통해 한 걸음씩 착실하게 진전해왔다. 그런데 갑자기 세상의 주목을 받으며 인기를 얻은 것이다.

오해투성이 양자컴퓨터

물론 많은 사람이 양자컴퓨터에 흥미를 느끼는 것은 나와 같은 양자컴퓨터 개발자로서는 고마운 일이다. 나는 양자컴퓨터가 재미있어서 이 연구를 계속하고 있다. 그 재미와 설렘을 전문가뿐만 아니라 많은 사람과 공유하는 것은 정말 기쁜 일이다. 게다가 나는 양자컴퓨터 개발이 결과적으로는 사회에 도움이 되면 좋겠다. '양자컴퓨터가 만들어지면 사용하고 싶다'든가, '양자컴퓨터가 세상을 어떻게 바꿀지 직접 보고 싶다'는 많은 사람들의 기대감이 응원으로 느껴져서 내게는 큰 힘이 되고 있다.

반면 양자컴퓨터가 너무나도 급격히 주목을 받고 있기 때문에 그로 인한 폐해가 드러나기 시작했다. 양자컴퓨터에 관해 올바른 지식을 전하는 사람이 많지 않아서 부정확한 정보가 넘쳐나는 것이다. 그 결과 많은 사람이 양자컴퓨터를 오해하면서 지나치게 기대하게 되었다.

일반인을 위한 양자컴퓨터 기사와 해설을 읽다 보면 걱정스러워진다. 신문, 잡지, 인터넷, 서적 등 매체는 다양하지만, 비전문가가 쓴 해설에는 오류나 오해를 일으킬 만한 표현이 많이 등장한다. '양자'의 성질이나 양자컴퓨터의 원리를 제대로 설명하기가 쉽지 않은 것은 사실이다. 하지만 본질적인 정보는 생략하고, 표면적으로 양자컴퓨터가 얼마나 대단한지에 대해서만 늘어놓은 설명이 너무나 많다. 이런 상황은 나뿐만 아니라 내가 아는 많은 전문가들도 당혹스러워한다. 이 책을 읽고 있는 여러분은 신문기사에 나왔다거나 텔레비전에서 이렇게 말했다는 이유만으로 그 내용을 그대로 받아들이지 않기를 바란다.

나는 다양한 사람에게 양자컴퓨터에 관해 이야기할 기회가 자주 있어서, 많은 사람이 공통으로 오해하는 부분이 있다는 것을 알게 되었다. 이 책에서는 그런 오해를 풀기 위해 알기 쉽게 설명하려 애썼다. 우선 양자컴퓨터에 관해 가장 흔한 오해 세 가지를 소개하고 사실은 그렇지 않다는 것을 알려주려 한다.

오해 1 양자컴퓨터는 온갖 계산을 빠르게 처리한다?

이것이 양자컴퓨터에 관한 가장 흔한 오해다. 양자컴퓨터로 빨리 풀 수 있는 문제는 몇 종류밖에 없다. 그 밖의 문제는 지금의 컴퓨터와 양자컴퓨터의 계산 속도가 비슷하다.

컴퓨터군과 양자컴퓨터군이 어떤 수학 문제를 풀어야 한다고 하자(그림 1-2). 컴퓨터군은 문제를 풀려면 어떤 순서로 계산해야 하는지 알고 있다. 먼저 숫자 X와 숫자 Y를 더해서 그 결과에 숫자 Z를 곱한다는 식으로, 순서에 따라 사칙연산을 몇 번이고 반복해서 답을 계산한다. 반면 양자컴퓨터군은 이러한 사칙연산을 해내는 속도가 빠른 것이 아니라 더 스마트한 해법을 알고 있다. 스마트한 해법을 사용하면 사칙연산의 횟수를 확 줄일 수 있으므로 훨씬 짧은 시간에 답을 계산할 수 있다. 안타깝게도 컴퓨터군과 양자컴퓨터군은 뇌 구조가 서로 달라서 컴퓨터군이 이런 스마트한 해법을 흉내 내고 싶어도 불가능하다.

양자컴퓨터로 계산이 빨라지는 것은 계산 횟수를 줄일 수 있어서지 계산하는 속도가 빨라져서가 아니다. '양자'라는 플러스알파 역할을 하는 기능을 사용해서 현대의 컴퓨터보다 적은 계산 횟수만으로 답을 찾는 스마트한 방법을 사용하는 것이다. 어느 정도 계산 횟수를 줄일 수 있는지는 문제에 따라 달라지므로 '양자컴퓨터는 현대의 컴퓨터보다 ○배 빠르다'라고 말할 수는 없다. 게다가 양자컴퓨터 특유의 해법이 발견되지 않은 문제에 관해서는 보통의 컴퓨터와 같은 해법을 사용하므로 계산 횟수가 같다. 참고로 실제 계산에 필요한 시간은 계산 1회에 걸리는 시간과 필요한 계산 횟수의 곱인데, '계산 1회에 걸리는 시간'이 얼마나 될지는 양자컴퓨터를 실제로 만들어보지 않으면 알 수 없으므로 지금은 고려하지 않는다.

양자컴퓨터로 계산 횟수를 줄일 수 있는 스마트한 해법이 있는 문제는 한정된 사례만 알려져 있다. 지금도 전 세계의 연구자들이 양자컴

그림 1-2 양자컴퓨터가 현재의 컴퓨터보다 계산이 빠르다는 것의 의미

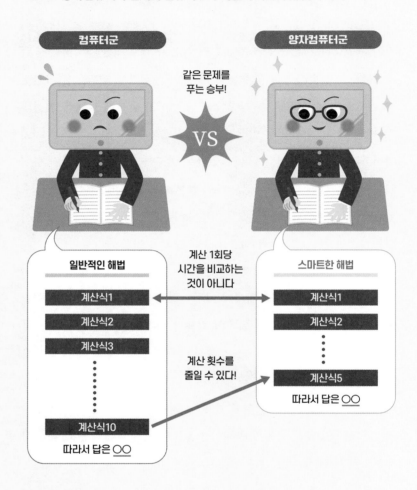

퓨터로 계산 횟수를 줄일 수 있는 사례를 찾고 있다. 계산 횟수를 줄인다는 말의 좀 더 엄밀한 의미는 4장에서 자세하게 설명하겠다.

오해 2 양자컴퓨터는
병렬계산을 하기 때문에 빠르다?

양자컴퓨터에서 계산이 빨라지는 원리를 설명할 때 '병렬계산'으로 여러 계산을 동시에 병행해서 할 수 있기 때문이라고 설명하는 경우가 많은데, 이 설명은 정확하지 않다.

병렬계산은 현대의 컴퓨터도 고속 계산을 위해 사용하는 기술이다. 예를 들어 계산 문제 100개를 풀고 싶다고 하자(그림 1-3). 한 명의 컴퓨터군이 모든 문제를 푼다면 시간이 제법 걸릴 것이다. 그래서 10명의 컴퓨터군이 10문제씩 담당하기로 한다. 10명이 힘을 모으면 계산이 10배 빨라지므로 100문제를 푸는 데 혼자서 푸는 시간의 10분의 1이 걸릴 것이다. 이렇게 계산을 여러 개로 나눠서 여러 대의 컴퓨터에서 동시에 계산하는 것이 병렬계산이다.

양자컴퓨터가 일종의 병렬계산을 하는 것은 사실이지만, 현대의 컴퓨터가 하는 병렬계산과는 의미가 다르다. 자세한 이야기는 2장에서 하겠지만, 양자컴퓨터의 병렬계산은 '양자'가 미시 세계에서 일으키는 '중첩'이라는 특유의 현상을 사용한다. 이 현상을 사용한 병렬계산은 병렬계산을 하는 것'만'으로는 절대 빨라지지 않는다. 병렬계산한 많은 후보 결과 중에서 '취사선택'하여 원하는 계산 결과만 골라내려 궁

그림 1-3 컴퓨터의 병렬계산

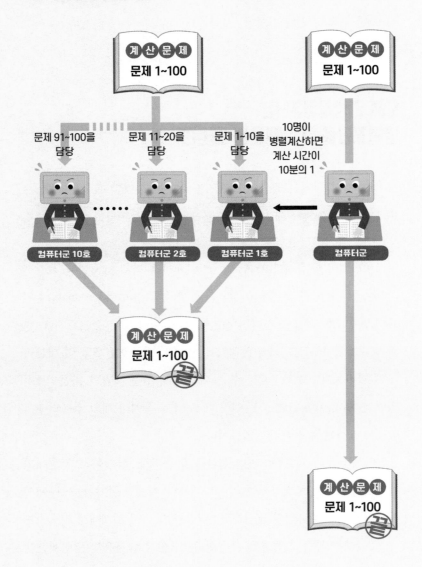

리해야 한다. 비유하자면, 갈림길이 많은 복잡한 미로를 떠올리면 이해하기 쉽다(그림 1-4). 출발점부터 목적지까지의 경로를 알고 싶다고 하자. 컴퓨터군은 경로 후보를 하나씩 차례로 조사해서 답을 찾아낸다. 한편 양자컴퓨터군은 머릿속에서 여러 경로 후보를 동시에 검토한다. 그중에서 막다른 길에 도달하는 경로를 버리고 목적지에 도달하는 경로만 답으로 찾아낸다. 이렇듯 양자컴퓨터는 계산 결과에서 '취사선택'할 수 있는 경우에만 계산을 빨리할 수 있다.

그러므로 양자컴퓨터는 '병렬계산하므로 빠르다'라는 설명은 그다지 정확하지 않다. 병렬계산하는 것'만'으로는 절대 계산이 빨라지지 않는다. 계산이 빠른 이유는 '병렬로 계산한 결과 중에 취사선택해서 원하는 결과만을 찾아낼 수 있는 경우'가 있어서다.

오해 3 양자컴퓨터는 머지않아 실용화된다?

양자컴퓨터가 지금이라도 실용화될 것 같은 뉴스 기사가 넘친다. 그래서 몇 년 후에는 쓸 만한 수준의 양자컴퓨터가 개발되어 누구나 사용할 수 있으리라고 기대하는 사람도 많다. 실제로 IBM은 이미 양자컴퓨터를 팔고 있고, 구글은 양자컴퓨터로 슈퍼컴퓨터보다 빨리 문제를 풀었다고 발표했기 때문에 그런 기대도 당연하다.

하지만 현재 만들어진 양자컴퓨터는 말하자면 미니어처와 같아서 양자컴퓨터 '장난감'이라고 할 수 있다. 한 자리 사칙연산을 시키면

그림 1-4 양자컴퓨터로 문제를 빨리 푸는 이미지

그럴듯한 답을 내놓지만 어디까지나 장난감 수준이다. 계산은 정확하지도 않고 실수도 잦다. 한 자리 사칙연산에서 실수할 정도라면 생활에 도움이 되는 계산을 현대의 컴퓨터보다 빨리 처리할 수 있는 물건이 아니란 말이다.

정말로 도움이 되는 문제를 정확하게 풀 만한 고성능 양자컴퓨터라면 더 많은 자릿수의 큰 정보를 다룰 수 있어야 하며, 계산의 정확도도 높아야 한다. 현재의 양자컴퓨터와 고성능 양자컴퓨터는 레고블록으로 만든 장난감 자동차와 진짜 F1 레이싱 카만큼이나 차이가 난다. 그러니 둘 사이에 큰 기술적 차이가 있음을 쉽게 이해할 수 있을 것이다. 레고블록으로 장난감 자동차를 만들 수 있다고 해서 그 기술의 연장선상에서 F1 레이싱 카를 만들 수 있는 건 아니다. 그렇기 때문에 앞으로 몇 년 안에 실용화된 양자컴퓨터가 나오리라고 생각하는 전문가는 없다.

사람들에게서 "도움이 될 만한 양자컴퓨터는 앞으로 몇 년 후면 나올까요?"라는 질문을 자주 받는다. 전문가에 따라서는 20년이라고 대답하기도 하고, 100년이라고 대답하기도 한다. 아직 기술적으로 해결하지 못한 과제가 너무도 많으므로 얼마나 시간이 걸릴지는 간단하게 예상할 수 없다.

컴퓨터,
그 시작

　　최근의 양자컴퓨터 붐에 관해 살펴보았다. 이제 독자들도 양자컴퓨터가 전 세계적으로 붐이니까 뒤처지지 않아야 한다는 식으로 대처할 문제가 아니란 점을 이해할 것이다. 그렇지만 현대 사회의 상황을 고려하면, 양자컴퓨터는 앞으로 꼭 필요하므로 당연히 개발해야 한다. 그 배경에는 현재 컴퓨터 성능의 압도적인 발전을 더 이상 기대할 수 없다는 사실이 있다. 이 사실을 이해하기 위해 간단하게 컴퓨터의 원리와 역사를 살펴보자.

　　오늘날에는 컴퓨터가 넘쳐나며 일상적으로 컴퓨터를 사용하고 있다. 컴퓨터는 그 속을 알 수 없는 블랙박스와 같다. 마우스를 클릭하고 키보드를 두드리면 동영상을 보고 사진을 수정하고 계산을 할 수 있지만, 컴퓨터라는 상자 안에서 도대체 무슨 일이 벌어지고 있는지 이해하는 사람은 그렇게 많지 않다. 블랙박스가 문제인 것은 아니다. 컴퓨터는 상자 안을 몰라도 사용할 수 있도록 설계된 것이기 때문이다.

　　그래도 이 책에서는 상자 안을 살펴봐야 한다. 물론 갑자기 컴퓨터 내부를 설명하면 내용이 어려워질 테니, 간단한 이야기부터 시작할까 한다. 컴퓨터처럼 계산하기 위한 도구는 옛날부터 여러 가지가 있었다. 그중에서도 원리를 가장 알기 쉽고 누구나 사용한 적이 있을 법한 도구가 바로 '주판'이다(그림 1-5의 위 그림). 주판은 초등학생 시절에 만져본 적이 있을 것이다. 구슬 같은 주판알을 끼운 꼬챙이를 늘어놓은 계산 도구가 주판이다.

주판에서는 꼬챙이에 끼워진 주판알이 한 세트가 되어 같은 자리의 숫자를 표시한다. 주판알의 위치로 0~9의 숫자를 표시할 수 있다. 예를 들어 세 개의 꼬챙이가 있으면 000부터 999까지의 숫자를 표시할 수 있다. 인간이 만든 규칙에 따라 주판알의 위치를 손가락으로 움직이면 사칙연산을 할 수 있다. 다만, 사칙연산마다 어떤 규칙으로 주판알의 위치를 움직여야 하는지는 기억해야 한다.

일단 규칙을 기억하기만 하면 주판알의 위치를 기계적으로 움직이며 계산을 처리할 수 있다. 인간이 머릿속에서 계산할 필요가 없는 것이다. 주판알을 움직인 후 그 위치를 읽으면 계산 결과를 알 수 있다. 바꿔 말하면, 주판은 주판알의 위치로 숫자를 표시하고, 주판알의 위치를 미리 정해진 규칙에 따라 손가락으로 움직인다는 물리 현상을 사용해서 계산하는 것이다. 물리 현상이라고 말하면 거창하게 들릴 수도 있지만, 이제까지 발명된 모든 계산 도구는 숫자를 계산하는 규칙을 물리 현상으로 대체하여 계산한다.

주판은 기원전 2000~3000년경부터 사용되었다고 할 만큼 그 역사가 오래되었다. 좀 더 근대적인 계산 도구가 17세기에 발명된 톱니바퀴를 사용한 기계식 계산기다(그림 1-5의 아래 그림). 이것은 톱니바퀴를 사용한 주판인 셈인데, 주판의 주판알을 톱니바퀴가 대신해서 조금 더 편리하게 만들어진 것이다. 기계식 계산기에서는 주판알을 손가락으로 튕기는 대신, 톱니바퀴를 수동으로 돌려서 숫자를 변화시켜 사칙연산을 처리한다.

톱니바퀴를 사용한 계산의 원리는 아날로그 시계를 떠올리면 이해하기 쉬울 것이다. 아날로그 시계는 장침을 움직이는 톱니바퀴와 단

그림 1-5 계산기의 역사

주판

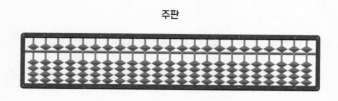

기계식 계산기

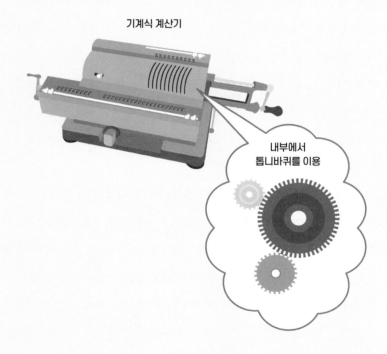

내부에서
톱니바퀴를 이용

침을 움직이는 톱니바퀴가 서로 맞물려 있다. 장침이 한 바퀴 돌면 단침이 한 칸 진행한다. 이 원리가 '자리 올림'이다. 즉 계산에서는 숫자가 0, 1, 2…로 증가해서 9까지 가면, 그다음은 그 자리의 숫자가 다시 0으로 돌아간다. 그 대신에 한 자리 위의 숫자가 1만큼 증가한다. 주판에서는 자리 올림을 사람이 손으로 처리하지만, 톱니바퀴로 자리 올림을 처리하면 주판으로 하던 계산 일부를 자동화할 수 있다. 이처럼 기계식 계산기는 숫자 정보를 톱니바퀴의 회전각으로 표시하고, 톱니바퀴를 돌리면 맞물려 있는 톱니바퀴도 함께 회전한다는 물리 현상을 이용한 계산기다. 이런 계산기를 만지거나 본 적이 없는 사람이 대부분일 것이다. 나는 박물관에서 만져본 적이 있는데, 그 원리가 매우 흥미로워서 어떻게 이런 것을 생각해냈는지 감탄했다.

컴퓨터의 한계, 무어의 법칙

20세기가 되자 지금 사용되는 컴퓨터의 원형인 계산기가 등장했다. 전기회로를 사용하는 전자계산기가 바로 그것이다. 전기회로를 사용한 계산기에서 주판알이나 톱니바퀴를 대신하는 것이 전기 스위치다. 전기 스위치라면 퍼뜩 떠오르지 않을 수도 있지만, 방의 전등을 켜거나 끄는 스위치가 좋은 예다. 스위치를 켜거나 끄면 방의 조명기구에 전력을 보내거나 끊어서 방이 밝아지거나 어두워진다. 일반적으로 전기 스위치는 ON과 OFF의 두 가지 상태가 있는데, ON이면 전기가 통하고 OFF면 전기가 통하지 않는다.

이처럼 전기 스위치를 끄거나 켜서 0과 1의 숫자 정보를 나타내고, 이를 통해 스위치 ON/OFF를 전환하는 물리 현상을 일으켜서 계산하는 것이 현대의 컴퓨터다. 참고로 주판이나 기계식 계산기는 한 자리에 0~9까지의 숫자를 사용하는 10진법이지만, 전자계산기는 0과 1만을 사용하는 2진법으로 계산한다. 이 원리는 3장에서 설명하겠다.

현대 컴퓨터에서 사용하는 전기 스위치는 1940년대 말에 발명된 트랜지스터라는 것이다(그림 1-6). 방의 조명 스위치는 사람이 손으로 ON/OFF를 전환해야 한다. 하지만 트랜지스터는 전기신호를 보내면 ON/OFF를 전환할 수 있다. 그래서 전기회로 안에서 트랜지스터를 많이 연결하면 재미있는 일이 일어난다. 트랜지스터가 ON이 되면 그 트랜지스터에는 전기가 흐른다. 그러면 그것과 연결된 다른 트랜지스터에 전기신호가 전해져서 OFF에서 ON으로 전환된다. 이제 전류가 흐르는 다른 트랜지스터는 또 다른 트랜지스터를 OFF에서 ON으로 전환한다. 말하자면, 도미노처럼 트랜지스터의 ON/OFF가 바뀌는 것이다.

톱니바퀴를 사용한 기계식 계산기에서는 한 톱니바퀴가 맞물린 다른 톱니바퀴에 힘을 전달해서 서로 연계하여 자리 올림을 자동화했다면, 전자계산기에서는 톱니바퀴 대신 트랜지스터를 연결해서 전기신호를 서로 주고받으며 트랜지스터끼리 연계가 이루어진다. 이로 인해 매우 복잡한 계산을 전자동으로 처리할 수 있다.

대량의 트랜지스터 집합체가 현대 컴퓨터의 뇌에 해당한다(그림 1-7). 컴퓨터라는 상자 속을 들여다보면 많은 부품으로 되어 있는데, 전

그림 1-6 조명 스위치와 전자계산기에서 사용하는 스위치(트랜지스터)

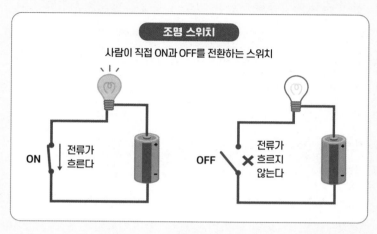

조명 스위치

사람이 직접 ON과 OFF를 전환하는 스위치

ON 전류가 흐른다

OFF 전류가 흐르지 않는다 ✕

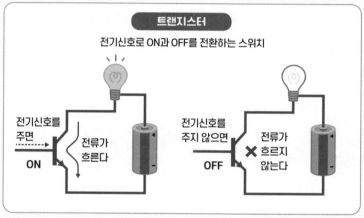

트랜지스터

전기신호로 ON과 OFF를 전환하는 스위치

전기신호를 주면 ON 전류가 흐른다

전기신호를 주지 않으면 OFF 전류가 흐르지 않는다 ✕

력을 공급하는 부품, 정보를 기억하는 부품, 다른 장치와 통신하는 부품 등이 각각 역할을 분담한다. 그중에 실제로 계산을 처리하는 뇌가 CPU(중앙 연산처리 장치)다. CPU는 한 변의 길이가 몇 센티미터 정도인 작은 칩인데, 이렇게 작은 CPU 칩에 트랜지스터가 무려 10억 개 정도 들어 있다. 트랜지스터의 또 다른 대단한 점은 스위치 ON/OFF를 고속으로 전환할 수 있다는 것이다. CPU에서는 1초에 10억 회 정도 트랜지스터를 ON/OFF 해가며 계산한다. 상상하는 것만으로도 눈앞이 아찔해진다.

현대 컴퓨터가 이 정도로 진보한 것은 트랜지스터가 점점 작아졌기 때문이다. 10년 전, 20년 전과 비교해서 지금의 컴퓨터는 성능이 상당히 향상되었다. 컴퓨터 성능을 올리기 위해 많은 기업에서 더 작은 트랜지스터를 개발해왔다. 트랜지스터가 작을수록 CPU 칩에 넣을 수 있는 트랜지스터가 많아져서 많은 정보를 단번에 처리할 수 있기 때문이다.

트랜지스터의 발전에 관련해서 무어의 법칙이라는 유명한 법칙이 있다. 무어는 CPU로 유명한 인텔의 창업자 중 한 명인 고든 무어를 가리키는데, 1965년에 "같은 면적에 들어가는 트랜지스터 개수는 1년 반마다 2배가 될 것이다"라고 예언했다. 트랜지스터 개수가 2배가 되면 컴퓨터 성능은 2배가 된다. 1년 반마다 2배라면 3년이면 4배, 4년 반이면 8배, 6년이면 16배가 되어 급격하게 성능이 향상된다는 말이다. 놀랍게도 무어의 법칙이 나온 후 50년 이상에 걸쳐서 이 법칙대로 컴퓨터 성능이 향상됐다(그림 1-8). 이것은 무어의 법칙을 만족시킬 만큼 트랜지스터 크기가 매년 작아졌기 때문이다. 현재의 트랜지스터는 10나노미터(10만 분의 1밀리미터)까지 작아졌다. 머리카락의 굵기가 대략

그림 1-7 현대 컴퓨터의 뇌는 트랜지스터 집합체

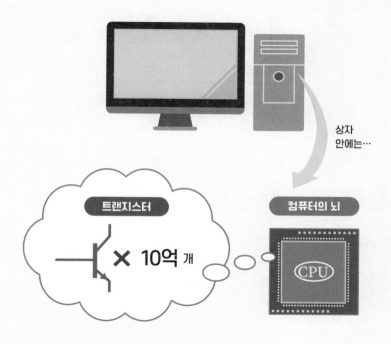

그림 1-8 무어의 법칙을 따르는 인텔 CPU의 트랜지스터 개수 증가

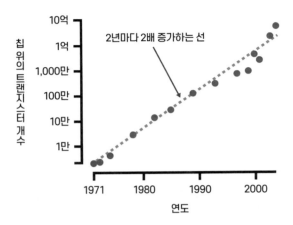

0.1밀리미터니까 트랜지스터의 크기는 머리카락의 1만 분의 1 정도다. 기술의 발달은 정말 놀랍다.

하지만 최근에 와서 무어의 법칙이 한계에 가까워졌다고 한다. 트랜지스터의 크기가 원자 한 개의 크기에 가까워졌기 때문이다. 현재 트랜지스터 크기가 약 10나노미터인데, 원자 한 개의 크기는 약 0.1나노미터다. 더 이상 트랜지스터가 작아지면 원자 한 개만 한 크기의 것이 영향을 미치는 수준이 된다. 결과적으로는, 트랜지스터가 스위치로 제대로 기능하지 못하게 되는 것이다. 무어의 법칙의 한계는 트랜지스터를 더 작게 만드는 것이 어려워지는 기술적인 한계가 아니다. 물질이 원자라는 단위로 이루어졌기 때문에 피할 수 없는 근본적인 문제다. 단순히 트랜지스터를 작게 만든다는 지금까지의 접근법으로는 컴퓨터의 성능을 높이기가 어려워진 것이다.

양자컴퓨터의 열쇠,
미시 세계의 물리법칙

무어의 법칙이 한계를 맞이하면서 컴퓨터의 성능이 그다지 향상되지 않을 수도 있다. 물론 지금도 컴퓨터는 매우 빠르며, 일상생활에서 불편함을 느낄 일도 그렇게 많지 않다. 그러니 지금으로도 충분하다고 생각할 수 있다.

그러나 현대 사회에서 오히려 고성능 컴퓨터에 대한 바람이 더 커지고 있다. 최근 인공지능 기술이 눈부시게 발전하고 있다. 구글이 개발한 인공지능 알파고가 세계 최강의 바둑 기사를 이겼다는 뉴스는 아직도 기억에 생생하다. 인공지능은 자동차의 자율 주행, 질병 진단 등 미래의 여러 기술과 서비스에서 빼놓을 수 없다. 그러므로 인공지능 기술을 더 발전시키려면 컴퓨터 자체가 발전해야 한다.

게다가 대학과 연구 기관의 기초 연구, 산업계의 제품과 서비스 개발 등에도 다양한 계산이 필요하다. 이런 고도의 계산에서 현대의 컴퓨터 성능이 충분하다고 할 수 없다. 고도의 계산을 위해 슈퍼컴퓨터와 같은 대형 컴퓨터를 사용하는데, 슈퍼컴퓨터는 일상에서 사용하는 컴퓨터와 같은 원리로 작동한다. 말하자면, 단순히 컴퓨터를 많이 연결해서 계산 처리 능력을 높인 것뿐이다. 컴퓨터를 1,000대 연결하면 1,000배의 계산이 가능한 것은 당연하다. 하지만 그렇게 대형화해도 현대의 컴퓨터로는 힘든 계산이 있고, 풀기 어려운 문제는 산처럼 쌓여 있다.

컴퓨터의 기능을 극적으로 높이려면 현재의 연장선이 아니라, 근본적으로 새로운 컴퓨터가 필요하다. 그래서 등장한 것이 양자컴퓨터다. 앞에서 설명한 대로, 양자컴퓨터는 현대 컴퓨터의 원리를 기반으로 '양자'라는 새로운 성질이 더해져 성능이 높아진 컴퓨터다. 즉 양자의 성질에 의해 지금까지의 컴퓨터에서는 근본적으로 할 수 없는 계산이 가능해지는 것이다.

컴퓨터는 숫자 계산을 물리 현상으로 치환해서 처리하는 도구라고 했다. 주판이라면 주판알의 위치를 이동시키고, 기계식 계산기라면 맞물린 톱니바퀴를 돌리며, 전자계산기라면 트랜지스터라는 스위치를 켜고 끄는 물리 현상이 있다. 이런 물리 현상은 기본적으로 고등학교에서 배우는 물리법칙으로 전부 설명할 수 있다.

주판알, 톱니바퀴, 트랜지스터는 많은 원자로 이루어진 비교적 큰 물질이다. 트랜지스터의 크기는 10나노미터니까 일상적인 감각에서는 매우 작지만, 원자 한 개와 비교하면 충분히 크다. 우리가 알고 있는 모든 물질이 더 작은 물질인 원자, 전자로 이루어져 있으므로 원자 한 개와 전자 한 개도 주판알이나 톱니바퀴, 트랜지스터와 똑같은 물리법칙을 따른다고 생각할지도 모르겠다.

하지만 실제로는 그렇지 않다. 원자 한 개나 전자 한 개를 살펴보면 고등학교 물리에서 배운 물리법칙이 적용되지 않으며, 미시 세계 특유의 새로운 물리 현상이 나타난다. 이처럼 미시 세계의 입자에 성립하는 물리법칙이 '양자역학'이다. 현대 컴퓨터는 물리 현상을 사용해서 계산하지만, 양자역학의 물리 현상은 사용하지 않는다. 그렇다면 양자역학의 물리 현상도 계산 도구로 사용할 수 있지 않을까 하는 생각은 들지 않는가? 그렇다. 사용할 수 있다. 그것이 바로 양자컴퓨터다.

양자컴퓨터의
탄생

양자컴퓨터라는 아이디어는 언제 처음 등장했을까? 양자컴퓨터 연구는 1980년대 초반에 물리학자인 리처드 파인만Richard Feynman의 아이디어에서 시작되었다. 파인만은 또 다른 연구 실적으로 노벨 물리학상을 받은 매우 유명한 물리학자다. '자연현상은 양자역학의 원리를 따르고 있으므로, 자연현상을 컴퓨터로 시뮬레이션하고 싶으면 양자역학의 원리를 따르는 컴퓨터가 필요하다'는 것이 그의 아이디어였다.

그 후 1985년에 데이비드 도이치David Deutsch가 양자역학 원리를 따르는 컴퓨터를 이용한 계산을 수학적으로 어떻게 표현할 수 있을지에 관해 기초 이론을 완성했다. 이는 양자컴퓨터 연구의 출발점이 되었고, 이로 인해 도이치는 '양자컴퓨터의 아버지'라고도 불린다. 도이치의 이론에 따르면 양자컴퓨터는 기존의 컴퓨터가 쉽게 따라 할 수 없는 계산 기능을 갖추었다. 하지만 그 후 한동안은 양자컴퓨터가 도대체 어떻게 계산에 도움을 주는지 아무도 몰랐다.

그러다가 1994년에 전환기를 맞이한다. 피터 쇼어Peter Shor가 양자컴퓨터로 소인수분해를 고속으로 처리할 수 있는 해법을 찾아낸 것이다. 소인수분해는 15 = 3 × 5처럼 정수를 소수끼리 곱하는 형태로 분해하는 것이다. 15 정도의 작은 숫자라면 암산으로도 할 수 있지만, 34,579라면 어떨까? 일단 암산으로는 어려울 텐데, 정답은 34,579 = 151 × 229다. 이렇듯 소인수분해는 자릿수가 늘어나면 매우 어려워진다. 숫자가 수백 자리까지 커진다면, 지금 컴퓨터로 푸는 데도 수천 년, 아니 수만 년이라는 방대한 시간이 걸린다. 그런데 쇼어는 양자컴퓨터 특유의 해법을 사용하면 압도적으로 빨리 소인수분해를 할 수 있다는 사실을 알아냈다.

쇼어의 발견은 매우 충격적이었다. 소인수분해를 빨리 할 수 있다면 지금 인터넷 등에서 안전한 통신을 보장해주는 암호 기술은 간단히 깨지기 때문이다. 인터넷 쇼핑몰에서 쇼핑을 하고 신용카드 번호를 입력한 후 그 정보를 송신하는데, 이 송신 내용을 누군가가 나쁜 의도로 엿본다고 하자. 신용카드 번호가 외부로 유출되면 도용될 가능성이 있다. 이것을 막기 위해 신용카드 번호를 암호화해서 알 수 없게 만들어서 송신한다. 지금 사용하는 RSA 암호라는 방식은 '큰 숫자를 소인수분해하는 계산은 어렵다'는 사실을 전제로 하며, 해독하기 어려운 것으로 알려졌다. 그런데 양자컴퓨터가 등장해서 소인수분해를 간단히 계산해버리면 RSA 암호는 깨지고 말 것이다. 참고로 소인수분해 외에도 양자컴퓨터가 현재의 컴퓨터보다 잘 처리할 수 있는 계산이 몇 종류 더 있다.

양자컴퓨터의 의의가 분명해지면서 그것을 만들려는 의욕도 높아졌다. 쇼어의 발견 이후, 전 세계의 연구자가 양자컴퓨터 개발에 힘쓰고 있다. 2000년대에는 전 세계 대학과 연구소에서 양자컴퓨터에 관한 기초 기술을 개발했고, 2010년대에는 대기업에서도 개발을 시작해서 양자컴퓨터 붐으로 이어졌다(그림 1-9).

그림 1-9 **양자컴퓨터의 역사**

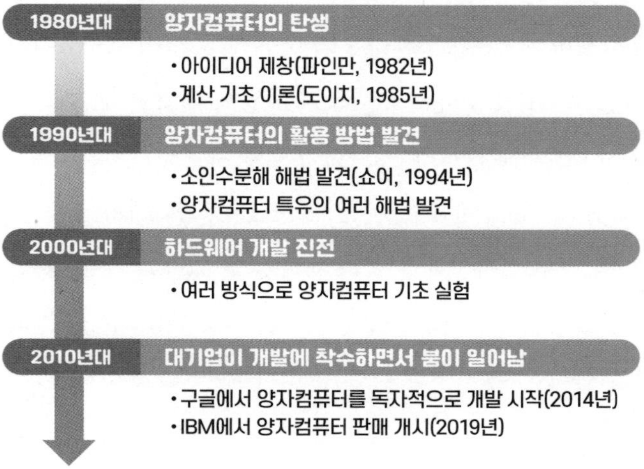

1980년대 | **양자컴퓨터의 탄생**
- 아이디어 제창(파인만, 1982년)
- 계산 기초 이론(도이치, 1985년)

1990년대 | **양자컴퓨터의 활용 방법 발견**
- 소인수분해 해법 발견(쇼어, 1994년)
- 양자컴퓨터 특유의 여러 해법 발견

2000년대 | **하드웨어 개발 진전**
- 여러 방식으로 양자컴퓨터 기초 실험

2010년대 | **대기업이 개발에 착수하면서 붐이 일어남**
- 구글에서 양자컴퓨터를 독자적으로 개발 시작(2014년)
- IBM에서 양자컴퓨터 판매 개시(2019년)

쓸 만한
양자컴퓨터의 활약

앞으로 쓸 만한 양자컴퓨터가 완성된다면, 과연 어떤 일에 도움이 될까?

앞서 설명한 대로, 양자컴퓨터는 모든 계산을 빨리하는 것은 아니다. 양자컴퓨터가 빨리 풀 수 있는 문제는 제한된 몇 종류만 알려져 있다. 그 밖의 문제에 관해서는 양자컴퓨터든 현대의 컴퓨터든 계산 속도가 크게 차이나지 않는다. 양자컴퓨터가 완성되면 일상에서 사용하는 스마트폰과 개인용 컴퓨터가 전부 양자컴퓨터로 바뀔 것이라고 생각하는 사람도 많다. 하지만 그렇지는 않다. 현대의 컴퓨터로 충분하다면 지금의 컴퓨터를 그대로 사용하면 된다. 양자컴퓨터는 양자컴퓨터가 잘하는 계산을 처리할 때만 특별한 용도로 사용할 것이다. 가까운 백화점에 쇼핑하러 갈 때 F1 레이싱 카를 몰지 않는 것과 마찬가지다. 레이싱 카는 특별한 용도라서 일반 도로를 달릴 때 군이 몰 필요가 없다. 양자컴퓨터도 마찬가지라고 생각하면 된다.

그렇다면 양자컴퓨터는 어떤 '특별한 용도'로 사용할 수 있을까? 양자컴퓨터로 소인수분해를 빨리 계산할 수 있다고 설명했지만, 소인수분해를 할 수 있다고 해서 어디에 도움이 되는지도 알 수 없고, 전문가가 아니라면 딱히 기뻐할 만한 일도 아니다(암호 해독에는 사용할 수도 있겠지만).

양자컴퓨터가 미래에 가장 도움이 될 것으로 보이는 분야는 화학 계산이다(그림 1-10의 위 그림). 고등학교 화학에서 주변의 물체는 모두 원자로 이루어져 있다고 배운다. 플라스틱, 유리, 금속, 컴퓨터 부품으로 사용하는 반도체 등 쉽게 구할 수 있는 다양한 재료의 성질은 소재를 구성하는 원자의 조합에 의해 결정된다. 우리가 사용하고 있는 많은 신소재들이 여러 원자들의 다양한 조합으로 만들어졌다. 하지만 쓸 만한 기능을 가진 신소재를 만들고 싶다고 무턱대고 원자를 조합한들 원하는 기능을 얻지는 못할 것이다. 그래서 슈퍼컴퓨터를 사용해서 어떤 조합이 좋은지 미리 조사한다. 양자컴퓨터를 사용하면 이런 화학 계산을 더 효율적이고 정확하게 처리할 수 있다.

그러므로 양자컴퓨터가 실현되면 생활에 도움을 주는 기능을 가진 소재를 효율적으로 설계할 수 있다. 태양에너지를 전기에너지로 변환하는 태양전지 패널의 경우, 현재 태양전지 패널의 에너지 변환 효율은 불과 20퍼센트퍼센트에 지나지 않아서 태양에서 오는 에너지의 5분의 1만 활용할 수 있다. 에너지 변환 효율이 더 좋은 소재를 설계할 수 있다면, 전 지구적인 에너지 문제를 해결하는 방법으로 이어질 수도 있다. 화학 계산은 약을 개발할 때도 도움이 된다. 양자컴퓨터를 사용하면 특정 병에 효과가 좋은 약, 부작용이 없는 약, 나아가 각 환자에게 맞게 디자인된 약 등 자유자재로 약을 설계할 수 있을지도 모른다. 의료 기술은 지금보다 훨씬 진보하게 될 것이다.

양자컴퓨터가 빛을 발하는 '특별한 용도'의 또 다른 예로는 최적화 문제가 있다. 최적화 문제란 여러 가지 패턴 중에서 가장 좋은 패턴을 골라내는 문제다. 주변에서 쉽게 접할 수 있는 사례로는 택배 트럭의 배달 경로를 최적화하는 것이다(그림 1-10의 아래 그림). 창고에서 배달할 화물을 트럭에 실은 다음, A씨 집, B씨 집, C씨 집… 등 열 군데에 화물을 배달하고 창고로 돌아와야 한다면, 어떤 순서로 돌아야 최단 경로가 될까? 이것이 다양한 경로 중에서 최적 경로를 찾아내는 최적화 문제다. 이런 문제를 빨리 풀 수 있게 되면, 더 효율적으로, 더 빨리 화물을 배달할 수 있을 것이다.

이외에도 최적화 문제는 주변에서 많이 볼 수 있다. 제조업이라면 공장의 인력 배치와 제조 프로세스를 최적화해서 상품 제조 비용을 낮출 수 있고, 금융업에서는 주식과 부동산 등의 상품 중 어디에, 얼마만큼 투자할지 최적화하면 더 큰 이익을 거둘 수 있다. 이처럼 조합을 최적화해야 하는 분야는 많이 있으므로, 각 분야에서 효율을 높이는 데 도움이 될 것이다.

지금까지 열거한 예는 양자컴퓨터가 가져올 미래의 일부분에 지

그림 1-10 양자컴퓨터가 일상생활에 가져다줄 혜택

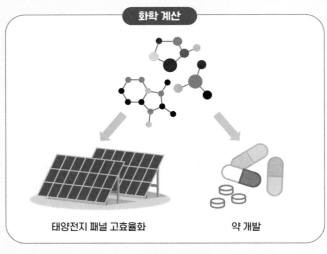

화학 계산

태양전지 패널 고효율화   약 개발

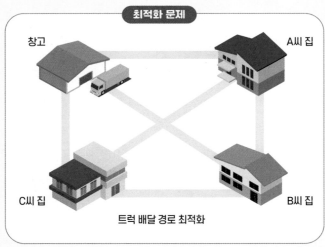

최적화 문제

창고   A씨 집

C씨 집   B씨 집

트럭 배달 경로 최적화

나지 않는다. 현대의 컴퓨터가 처음 세상에 등장했을 때도 컴퓨터가 이만큼이나 우리의 생활을 바꾸리라고는 아무도 상상하지 못했다. 양자컴퓨터가 실현되면 생각하지도 못했던 사용법이나 서비스가 등장할 것이고, 세상은 지금보다 더욱 풍요로워질 것이다.

현시점에서 양자컴퓨터는 아직 쓸 만한 수준이 아니다. 실용적인 양자컴퓨터가 등장할 때까지는 아직 시간과 비용이 많이 필요할 것이다. 하지만 양자컴퓨터가 완성되었을 때의 장점은 이미 이론적으로 밝혀졌고, 그 영향력은 짐작조차 할 수 없다. 그러므로 나는 양자컴퓨터 연구는 오랜 시간과 비용을 들여서라도 할 만한 가치가 있다고 생각한다.

양자컴퓨터에는 양자 게이트 방식과
양자 애닐링 방식의 두 가지가 있다고?

일본에서 양자컴퓨터에 관한 많은 기사는 다음과 같은 설명으로 시작한다. "양자컴퓨터에는 양자 게이트Quantum Gate와 양자 애닐링 Quantum Annealing 방식의 두 종류가 있다. 게이트 방식은 온갖 계산을 할 수 있는 범용 양자컴퓨터이고, 애닐링 방식은 조합을 최적화하는 문제를 푸는 데 특화된 것이다."

이 설명은 정말 많은 기사에 등장해서 전 세계적으로 그렇게 인식한다고 오해하고 있을 것이다. 그러나 실제 전문가들은 상당히 다르게 생각한다. 전 세계에서 이런 식으로 설명하는 곳은 일본뿐이다.

우선 양자컴퓨터에 관해 많은 전문가가 떠올리는 것은 한 가지다. 현대의 범용 컴퓨터가 처리하는 계산 원리를 바탕으로 양자의 성질을 추가하여 성능을 향상한 범용 계산기라는 것이다. 현대의 컴퓨터는 계산 순서를 가르쳐주면 여러 문제를 풀 수 있다. 즉 다양한 문제를 풀 수 있는 범용성이 있다. 양자컴퓨터도 마찬가지로 인간이 계산 순서를 가르쳐주면 다양한 문제를 풀 수 있는 범용성이 있다. 중요한 것은 양자컴퓨터는 몇 가지 문제에 대해서는 현대의 컴퓨터보다 빨리 풀 수 있는 해법을 가지고 있다는 것이다. 양자컴퓨터는 그런 문제를 해결할 수 있으므로 현대의 컴퓨터보다 뛰어난 성능을 발휘할 수 있다.

이런 범용적인 양자컴퓨터를 만드는 방법 중 하나가 게이트 방식이다. 게이트란 컴퓨터가 처리하는 사칙연산과 같은 간단한 계산 1회를 의미한다. 게이트를 몇 번이고 반복해서 복잡한 문제를 풀기 때문에 게이트 방식이라고 부르는 것 같다. 이 책에서는 다루지 않지만, 측정 방식과 단열 방식 등 양자컴퓨터를 만드는 방법은 다양하다.

양자 애닐링은 양자컴퓨터 특유의 최적화 문제의 해법 가운데 하나로, 그 해법을 실행하기 위해서 만들어진 전용 장치를 양자 애닐링 머신이라고 한다. 범용 기계인 양자컴퓨터가 있으면 당연히 양자 애닐링을 실행할 수 있다. 즉 기능상으로는 양자 애닐링 머신은 양자컴퓨터에 포함된다. 사실 양자 애닐링이 양자를 사용하지 않는 해법에 비해 계산이 빨라질지 여부는 아직 알려지지 않고 있다. 양자 애닐링이라는 해법이 양자의 성질을 사용하기는 하지만, 정말로 성능이 향상되는지는 아직 연구 단계에 있다. 다만, 양자 애닐링 머신의 개발은 양자컴퓨터보다는 진척이 있다. 2011년부터 디웨이브D-wave라는 벤처 기업이 양자 애닐링 머신을 판매하고 있다. 그 장치를 사용해서 여러 문제를 풀어보는 연구가 활발히 진행되고 있으며, 재미있는 연구 분야인 것은 틀림없다.

지금까지 설명한 대로 게이트 방식과 애닐링 방식을 대립해서 설명하는 것은 본질적으로 잘못된 것이다. 양자 애닐링 머신을 양자컴퓨터라고 부르는 전문가도 없을뿐더러, 보통은 양자컴퓨터와는 별도의 장치로 다룬다. 이 책에서는 일반적인 양자컴퓨터(게이트 방식)만 다루고 있으므로, 양자 애닐링에 관심을 가진 독자는 다른 책을 읽기를 권한다.

| 1장 요약 |

○ 컴퓨터는 수학 계산을 물리 현상으로 치환해서 처리하는 도구다. 현대의 컴퓨터 성능은 지금까지 무어의 법칙을 따라 진보해왔지만, 원리적인 한계에 다다랐다.

○ 양자컴퓨터는 기존의 컴퓨터는 사용하지 않는 양자역학이라는 물리 현상을 사용한다. 이로 인해 지금까지의 컴퓨터로는 할 수 없는 계산이 가능해져서 성능이 향상된 컴퓨터라 할 수 있다.

○ 현재 양자컴퓨터의 미니어처라고 할 수 있는 장난감 수준까지는 이미 만들어져 있다. 하지만 실용적인 수준의 양자컴퓨터를 만들려면, 기술적으로 해결되지 않은 과제가 많이 남아 있어서 수십 년 이상 걸릴 것이다.

○ 양자컴퓨터가 현대의 컴퓨터보다 빨리 풀 수 있는 문제의 종류는 몇 가지 찾지 못했다. 하지만 신소재 합성, 신약 개발, 최적화 문제 등의 분야에서 계산이 빨라지면 그 영향력은 매우 클 것이다.

2장

양자역학의
가장 아름다운 실험과
양자컴퓨터의 탄생

양자컴퓨터와
양자역학

컴퓨터는 숫자 계산을 물리 현상으로 바꿔서 하는 도구다. 주판은 손가락으로 주판알을 튕겨서 위치를 바꾸는 물리 현상을 사용해서 계산하고, 현대의 일반적인 컴퓨터는 전기 스위치를 켜거나 끄면 전기가 통하거나 통하지 않는 물리 현상을 사용해서 계산한다. 모두 익숙한 물리 현상을 사용하기 때문에 계산 원리를 연상하기가 비교적 쉽다.

한편, 양자컴퓨터는 양자역학이라는 물리 현상을 사용해서 계산을 수행하는 도구다. 양자역학은 원자 한 개, 전자 한 개처럼 일상생활에서 접하는 물체보다 훨씬 작은 세계의 원리를 정리한 이론으로, 대학에서 물리나 화학을 전공하지 않는다면 배울 기회가 거의 없다. 그만큼 많은 사람에게 친숙하지 않은 학문이다. 그러나 양자컴퓨터의 계산 원리를 본질적으로 이해하려면 그 배경에 있는 양자역학을 빼놓을 수 없다.

양자컴퓨터는 기존의 컴퓨터와 근본적으로 무엇이 다를까? 왜 기존 컴퓨터보다 고속으로 풀 수 있는 문제가 있을까? 그런 의문의 밑바닥에는 양자역학이라는 물리 현상이 깊이 관여하고 있다. 이번 장에서는 양자역학이 관여한 가장 아름다운 실험 가운데 하나인 2중 슬릿 실험을 통해 양자역학의 불가사의한 세계를 엿보려 한다. 그리고 2중 슬릿 실험과 양자컴퓨터의 깊은 관계에 대해 설명하겠다. 이 내용을 이해하면 양자컴퓨터의 본질적인 원리를 물리 현상과 관련지어 연상할 수 있을 것이다.

물론 양자역학에는 관심도 없고 양자컴퓨터에 관해서만 알고 싶다는 독자도 있을 것이다. 양자역학에 관한 지식은 넘어가고 양자컴퓨터의 계산 규칙을 기계적으로 외울 수도 있다. 하지만 이 책에서 분명히 밝히고 싶은 것은 양자컴퓨터의 계산 규칙보다도 양자컴퓨터의 '정체'다. 그 정체를 알게 되면 양자컴퓨터가 동작하는 본질을 밝힐 수 있다. 그러므로 이번 장에서 양자역학에 관해 살펴보자.

작은 세계의 법칙,
양자역학

앞에서 양자역학은 일상생활에서 접하는 물체보다 훨씬 작은 세계의 원리를 정리한 이론이라고 설명했다. 그렇다면 얼마나 작은 세계일까?

양자란 매우 작은 물질이나 양의 단위를 가리키는 단어다. 그림 2-1과 같이 물질은 잘게 쪼개면 모두 원자라고 하는 작은 알갱이로 이루어져 있다. 원자는 물질의 구성 단위이며 양자의 종류이기도 하다. 원자를 더 쪼개면 마이너스 전기를 띠는 전자, 플러스 전기를 띠는 양성자, 플러스도 마이너스도 아닌 중성자라는 더 작은 단위 입자가 된다. 전자, 양성자, 중성자도 모두 양자의 종류다.

원자 한 개는 얼마나 작을까? 원자 한 개의 크기는 약 0.1나노미터다. 이렇게 들으면 감이 잡히지 않을 것이다. 원자 한 개의 크기를 탁구공의 크기와 비교하는 것은 그림 2-2처럼 탁구공과 지구의 크기를 비교하는 것과 비슷하다. 즉 탁구공을 지구 크기로 키우면 원자는 탁구공과 비슷한 정도의 크기라는 얘기다. 원자 한 개는 너무 작아서 맨눈은 물론이고 광학현미경을 사용해도 보이지 않는다. 당연히 원자보다 작은 전자, 양성자, 중성자도 우리 눈으로 볼 수 없다.

빛을 구성하는 양자도 있다. 광자라고 불리는데, 더 정확하게 표현하자면 광자는 빛 에너지의 최소 단위다. 빛에 최소 단위가 있다는 말이 이상하게 들릴지도 모르겠다. 빛은 덜 밝고 작은 빛으로 점점 나눠가면 얼마든지 작은 빛으로 나눌 수 있을 것처럼 보이지만 실제로는 그렇지 않다. 빛에도 더는 나눌 수 없는 최소 단위가 있다. 이 사실을 처음 깨달은 사람이 아인슈타인으로, 1905년에 광양자 가설이라는 이름으로 이 현상을 발표했다. 아인슈타인이라고 하면 상대성이론으로 유명하지만, 노벨상을 받은 것은 광양자 가설 덕분이다.

광자 한 개가 얼마나 작은지 상상도 못 할 것이다. 예를 들어 가정에서 사용하는 100와트 형광등에서는 1초에 10^{20}개라고 하는 엄청난

그림 2-1 우리 주변에 있는 물체는 많은 원자로 이루어져 있다

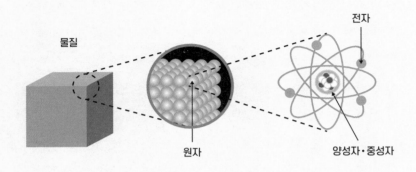

그림 2-2 양자는 얼마나 작을까?

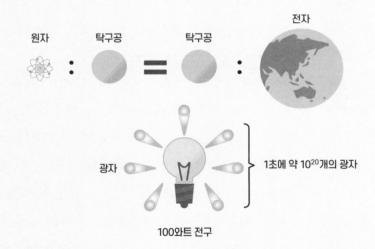

개수의 광자가 나온다(그림 2-2). 광자 한 개는 정말로 작은 빛이다. 그러므로 당연히 인간이 일상생활에서 광자 한 개를 인식할 수는 없다.

일상생활에서 눈으로 보는 것은 많은 광자가 모인 집합체다. 이렇게 비교적 큰 존재의 움직임은 고등학교에서 배우는 물리학으로 설명할 수 있다. 사과가 중력에 의해 나무에서 떨어지는 현상이나 지구가 태양 주위를 도는 운동은 고등학교에서 배우는 역학으로 설명할 수 있다. 하지만 양자 한 개 수준의 미시 세계라면 어떨까? 예컨대 원자 한 개 내부에는 양성자와 중성자가 중심에 있고 그 주위를 전자가 돌고 있다고 설명한다. 언뜻 생각하기에는 지구가 태양 주위를 도는 운동과 똑같다. 하지만 실제 전자의 운동은 고등학교 물리학으로는 설명할 수 없다. 그래서 이런 양자의 움직임을 설명하기 위해 이론으로 정리한 것이 양자역학이다.

고등학교에서 배우는 역학은 고전역학이라고 부르는데, 고전이라고 해도 낡았다거나 한물갔다는 등의 부정적인 의미는 아니다. 20세기 초에 양자역학이 등장하기 전부터 알려져 있던 역학을 양자역학과 구분하기 위해 부르는 명칭일 뿐이다. 지금도 고전역학은 비교적 큰 물체의 움직임을 조사할 때 유용하다. 하지만 주변 물체를 더 잘게 쪼개보면 모두 양자로 이루어져 있으므로, 세상의 물리 현상을 정말로 지배하는 것은 양자역학이라 할 수 있다.

양자역학의 세계는 우리의 일상적인 감각과는 전혀 다르다. 마치 다른 나라처럼, 우리가 아는 상식이 통하지 않는 세계라고 할 수 있다. 광양자 가설을 제창한 아인슈타인조차 양자역학의 물리법칙은 끝까지 받아들이지 못했다고 한다.

지금부터 양자역학의 신기한 세계를 소개할 텐데, 처음에는 이해가 가지 않는 점도 많을 것이다. 나도 양자역학을 전문으로 하지만, 대학 1학년에 양자역학을 접했을 때는 잘 이해하지 못해 골치가 아팠다. 하지만 다른 나라에서도 어느 정도 지내다 보면 익숙해지듯, 지금도 양자역학을 이해했다기보다는 익숙해졌다는 게 더 적절한 표현이라 생각한다. 그러므로 너무 경계하지 말고 미시 세계는 원래 그렇다는 식으로 받아들이는 편이 좋을 것이다.

2중 슬릿 실험
수면을 나아가는 파동이라면

양자 세계는 얼마나 불가사의할까? 그 불가사의함을 실감할 수 있는 단순한 실험이 있는데, 바로 2중 슬릿 실험이다. 2중 슬릿 실험은 한 잡지의 독자 투표에서 '과학사에서 가장 아름다운 실험'으로 뽑힌 적도 있을 만큼 유명한 실험이다. 슬릿slit이란 가늘고 긴 틈을 가리킨다. 2중 슬릿 실험을 간단히 설명하자면, 나란히 있는 두 슬릿을 양자가 빠져나갈 때 어떤 일이 일어나는지 관찰한 것이다. 이 실험에서는 '입자이기도 하면서 파동이기도 한' 기묘한 모습을 확인할 수 있다. 이게 무슨 뜻인지 지금부터 설명하겠다.

일단 양자는 잊어버리고, 수면에서 진행하는 파동을 떠올려보자. 욕조에 가득한 물 표면을 손가락으로 반복해서 치면 파동이 동심원 형태로 퍼져나간다. 이런 파동이 중앙에 가늘고 긴 틈이 있는 판에 부

그림 2-3 수면에서 진행하는 파동이 한 군데 슬릿을 빠져나가는 경우

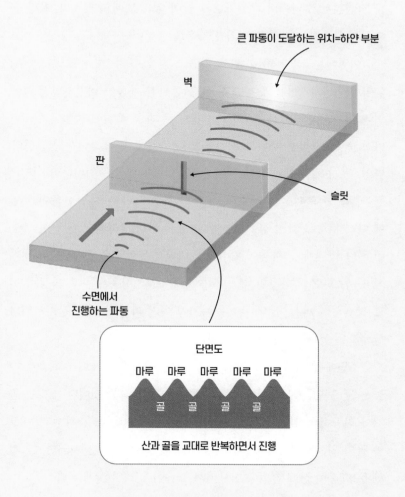

큰 파동이 도달하는 위치=하얀 부분

벽

판

슬릿

수면에서
진행하는 파동

단면도

마루 마루 마루 마루 마루

골   골   골   골

산과 골을 교대로 반복하면서 진행

딪힌다고 하자. 그 모습을 표현한 것이 그림 2-3이다. 판에 부딪힌 파동 가운데 극히 일부는 빈틈을 빠져나가고, 빈틈을 빠져나간 파동은 약간 퍼지면서 수면에서 나아가다가 앞에 있는 벽에 부딪힌다. 가장 큰 파동이 부딪히는 부분은 벽의 한가운데 부분이다.

이번에는 그림 2-4처럼 판에 가늘고 긴 틈을 두 개 만들었다. 어떤 일이 일어날까? 이 경우에는 각 틈을 통과한 파동이 퍼져가면서 앞쪽의 벽에 부딪힌다. 그리고 이 과정에서 두 파동 사이에 중첩이 일어난다. 파동은 고점인 마루와 저점인 골을 교대로 반복하면서 진동한다. 만일 두 파동이 완전히 같은 위상(진동 타이밍)으로 중첩된다면 어떻게 될까? 즉 한쪽 파동이 마루일 때 다른 파동도 마루이고, 한쪽이 골일 때 다른 파동도 골인 경우에는 두 파동이 서로 강화해서 더 강한 파동이 된다. 반면에 두 파동이 완전히 반대되는 위상으로 중첩된다면 어떻게 될까? 한쪽이 마루일 때 다른 파동은 골인 경우에는 두 파동이 서로 상쇄되어 파동이 작아진다. 이처럼 여러 파동이 서로 강화하거나 상쇄하는 현상을 '간섭'이라고 한다.

주변에서 볼 수 있는 간섭 현상으로는 헤드폰의 노이즈 캔슬링 기능을 들 수 있는데, 주위의 소음이 들리지 않게 하는 것이다. 소리는 공기가 진동하여 전달되는 파동이다. 따라서 주위의 소음 파동과 마루와 골의 위치가 정반대인 소리 파동을 헤드폰에서 발생시키면, 그 결과 두 파동이 상쇄 간섭을 일으켜서 소음이 들리지 않게 된다.

이처럼 틈을 통과한 두 파동이 간섭하면, 그 앞의 벽에는 파동이 강해지는 위치와 약해지는 위치가 교대로 나타난다. 왜 그럴까? 좌우의 틈을 통과한 직후의 두 파동은 같은 타이밍에 마루와 골이 반복되

그림 2-4 수면을 진행하는 파동이 두 개의 슬릿을 통과하는 경우

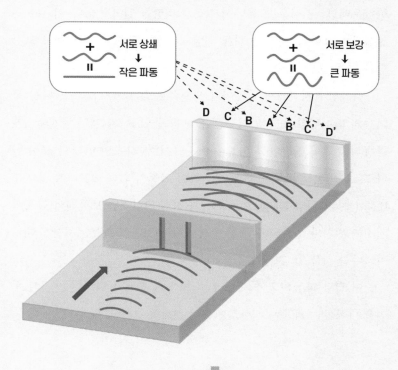

위에서 보면…

A지점

벽 한가운데에서는 두 파동이
같은 타이밍에 도달하므로 서로 보강

B지점

두 파동의 도달 타이밍이 주기의
반만큼 어긋나므로 서로 상쇄

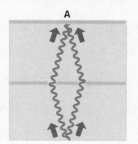

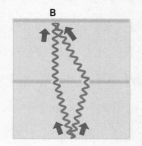

면서 진동한다. 두 파동은 앞의 벽을 향해 퍼져간다. 그림 2-4처럼 벽의 한가운데인 A지점은 두 틈에서 같은 거리만큼 떨어져 있다. 이 경우, A지점에 도달한 두 파동은 같은 위상에서 중첩되므로 항상 서로 보강한다.

하지만 A지점에서 왼쪽이나 오른쪽으로 떨어지면, 도달하는 두 파동의 타이밍이 조금씩 어긋난다. 예를 들어 B지점에서는 정확하게 파동의 주기의 절반만큼 위상이 어긋나서 두 파동의 마루와 골이 만나고, 그 결과 두 파동은 항상 상쇄하여 파동이 전혀 도달하지 않는다. B지점에서 C지점, D지점으로 위치가 점점 달라지면 보강해서 파동이 커지는 위치와 상쇄되어 파동이 작아지는 위치가 줄무늬처럼 교대로 나타나는 것을 알 수 있다.

이 결과 파동의 간섭으로 인해 벽에 줄무늬가 나타나는 것이 수면을 나아가는 파동에 대한 2중 슬릿 실험의 결론이다.

2중 슬릿 실험
전자 한 개라면

이제 본론으로 들어가려 한다. 수면의 파동 대신 전자 한 개로 같은 실험을 해보자. 그림 2-5의 위 그림처럼 중앙에 가느다란 틈이 있는 판을 향해 전자를 하나씩 발사해서 부딪히게 한다. 그러면 틈을 통과한 전자는 앞쪽의 벽 한가운데에 부딪힌다. 전자는 작은 입자와 같으므로 틈을 통과하면 당연히 그대로 직진해서 벽에 부딪힐 것이다.

그림 2-5 전자로 같은 실험을 한다면 어떻게 될까?

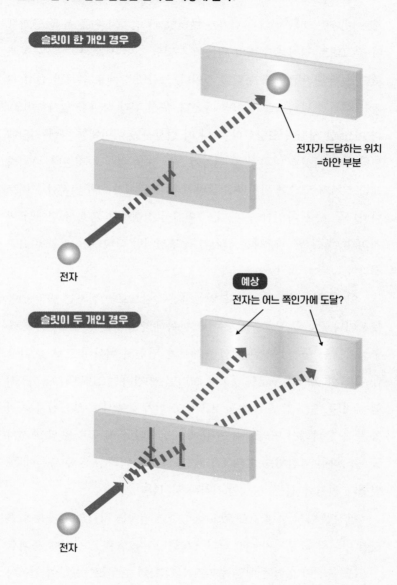

슬릿이 한 개인 경우

전자가 도달하는 위치
=하얀 부분

전자

예상

전자는 어느 쪽인가에 도달?

슬릿이 두 개인 경우

전자

이어서 그림 2-5의 아래 그림처럼 가늘고 긴 틈을 두 개 만들었다고 하자. 이번에는 벽의 어디에 전자가 부딪힐까? 전자가 왼쪽 틈을 통과했다면 그대로 직진해서 벽의 왼쪽에 부딪힐 것이다. 오른쪽 틈을 통과했다면 벽의 오른쪽에 부딪힐 것이다. 그런데 실제로 해보면 실험 결과는 예상과 달리 그림 2-6처럼 나온다. 우선 전자 하나를 발사하면 벽의 어느 한 지점에 도달한다. 하나 더 발사하면 이번에는 다른 지점에 도달한다. 이것을 반복하면, 전자가 도달하는 점이 누적된다. 마지막에는 전자가 도달한 위치와 도달하지 않은 위치가 줄무늬처럼 교대로 나타나는 것을 확인할 수 있다. 수면에서 진행하는 파동 실험에서 벽에 파동이 큰 위치와 작은 위치가 줄무늬처럼 나타나는 것과 비슷한 결과다.

이 결과는 이상해 보인다. 일상적인 감각으로는 전자는 벽의 왼쪽 부분이나 오른쪽 부분, 둘 중 어느 한쪽에만 부딪혀야 할 것 같다. 축구공처럼 큰 물질로 같은 실험을 해보면, 당연히 예상대로 두 곳 가운데 어느 한 곳에만 부딪힐 것이다. 그러면 왜 전자는 그렇지 않을까? 시험 삼아 두 슬릿 중 오른쪽 슬릿을 막고 전자를 발사해보니, 전자는 왼쪽 틈을 통과해서 벽의 왼쪽 부분에 도달했다. 왼쪽 슬릿을 막고 전자를 발사하니 이번에는 오른쪽 틈을 통과해서 벽의 오른쪽 부분에 도달했다. 여기까지는 일상적인 감각과 일치한다.

하지만 다시 두 슬릿을 열고 실험하면 벽에는 각각의 결과를 합친 것이 아니라 줄무늬가 나타난다. 그러므로 두 슬릿을 동시에 통과할 수 있는 조건이 성립될 때만 우리가 알지 못하는 '어떤' 현상이 일어나서 벽에 줄무늬가 나타나는 것으로 생각할 수 있다.

그림 2-6 전자로 2중 슬릿 실험을 한 결과

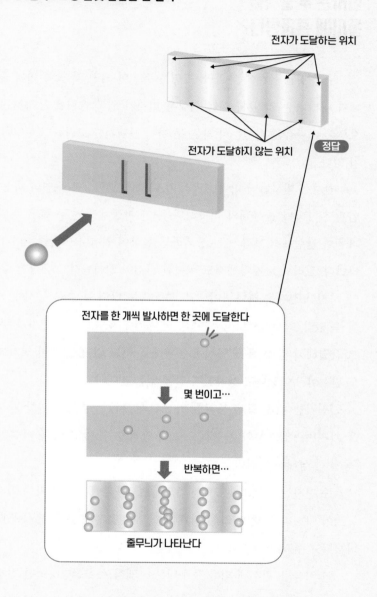

전자가 도달하는 위치

전자가 도달하지 않는 위치

정답

전자를 한 개씩 발사하면 한 곳에 도달한다

몇 번이고…

반복하면…

줄무늬가 나타난다

전자는 두 슬릿을
동시에 통과한다?

　두 슬릿을 동시에 통과할 수 있는 조건이 되면 왜 앞쪽 벽에 줄무늬가 나타나는 것일까? 이런 현상은 전자가 왼쪽 슬릿을 통과했는지, 오른쪽 슬릿을 통과했는지 하는 두 가지 선택지만 고려하면 설명할 수가 없다.

　전자를 발사하면 벽에 줄무늬가 나타나는 현상은 수면의 파동 실험에서 나타난 줄무늬와 비슷하다. 수면 파동에서는 두 틈을 통과한 파동이 간섭해서 보강 또는 상쇄하는 현상이 일어나면서 줄무늬가 나타났다. 그러므로 전자에서도 비슷한 간섭이 일어난다고 예상할 수 있다. 하지만 전자는 하나뿐이므로, 파동과는 달리 두 틈을 동시에 통과할 수 없다. 최종적으로 앞쪽 벽의 한 지점에 도달하므로 전자가 두 개로 분열해서 양쪽 틈을 동시에 통과했을 리도 없다. 그래서 전자에서도 간섭이 일어났다고 생각할 수밖에 없는 것이다.

　"전자는 왼쪽 틈을 통과할 가능성과 오른쪽 틈을 통과할 가능성을 가지며, 어느 쪽의 가능성으로도 확정할 수 없고 양쪽 가능성을 '중첩'한 상태를 가진다."

　즉 전자는 둘 중 어느 쪽인가의 틈을 통과했다는 양자택일의 가능성이 아니라 '중첩'이라는 상태에 있으며 양쪽의 틈을 동시에 빠져나갔다고 생각하는 것이다.

　이 이상한, 간섭에 의한 줄무늬를 구체적으로 설명하려면 전자는 '입자이면서 파동'이라고 생각해야 한다. 수면 파동의 움직임을 떠올

그림 2-7 2중 슬릿 실험의 줄무늬는 '중첩'으로 인해 생긴다

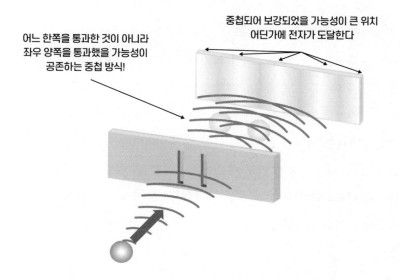

어느 한쪽을 통과한 것이 아니라
좌우 양쪽을 통과했을 가능성이
공존하는 중첩 방식!

중첩되어 보강되었을 가능성이 큰 위치
어딘가에 전자가 도달한다

리면서 그림 2-7처럼 연상해보자. 전자는 발사된 직후에는 하나의 입자다. 하지만 그 후에는 마치 파동처럼 공간으로 퍼져나간다. 실체는 하나이고 한곳에만 있어야 하는 존재인 전자가 파동으로 공간에 퍼져나가고, 다른 곳에서 존재할 가능성을 가지며 움직인다. 이것이 바로 중첩이라는 상태다. 파동으로 진행한 전자는 수면 파동처럼 두 틈을 동시에 통과해서 간섭 현상을 일으킨다. 그렇지만 전자의 파동을 벽에 부딪혀서 전자가 어디에 있는지 조사하려는 순간, 전자는 다시 하나의 입자로 돌아와서 한 곳에 나타난다. 진폭(파동의 크기)은 전자가 그곳에 존재할 가능성의 크기를 나타낸다. 보강해서 큰 파동이 된 위치에는 전자가 나타날 가능성이 크고, 상쇄되어 작은 파동이 된 위치에는 전자가 나타날 가능성이 적다. 전자를 몇 번이고 발사해서 결과를 누적해보면 줄무늬가 나타난다.

이렇게 2중 슬릿 실험에서 전자는 '입자이기도 하고 파동이기도 한' 것처럼 움직인다. 그리고 벽에 나타난 줄무늬를 설명하려면 '중첩'이라는 새로운 개념이 필요하다. 여기서는 전자로 설명했지만, 원자 한 개와 광자 한 개로 2중 슬릿 실험을 해도 같은 결과가 나온다. 즉 이런 성질은 양자 세계에서는 공통된 것이다. 이처럼 양자의 움직임은 일상적인 감각과는 상당히 동떨어져 있다. 믿기 어렵다고 느끼는 독자도 있을 것이다. 하지만 오랜 연구 때문에 미시 세계의 참모습은 그렇다는 사실이 입증되었다. 왜 그런지 질문한다면, 세계가 원래 그렇기 때문이라고밖에 답할 방법이 없다.

중첩은 벽에 부딪힌 순간 깨진다

전자가 벽에 부딪힌 순간 일어나는 현상을 좀 더 자세하게 살펴보자. 전자는 벽에 충돌하기 직전까지는 파동처럼 퍼져나가며, 다른 여러 곳에 존재할 가능성이 중첩되어 있다. 하지만 벽에 충돌하면 그림 2-8처럼 어느 한 곳에서만 나타난다. 이것은 벽에 충돌한 순간, 중첩이 깨져서 중첩되어 있던 여러 가능성 가운데 어느 하나로 결정된다는 것을 의미한다.

최종적으로 벽의 한 지점에 홀쩍 나타난 전자는 일반적으로 떠올리는 입자로서의 모습이다. 한편, 몇 번이고 전자를 발사하면 나타나

그림 2-8 벽에 부딪힌 순간에 중첩이 깨진다

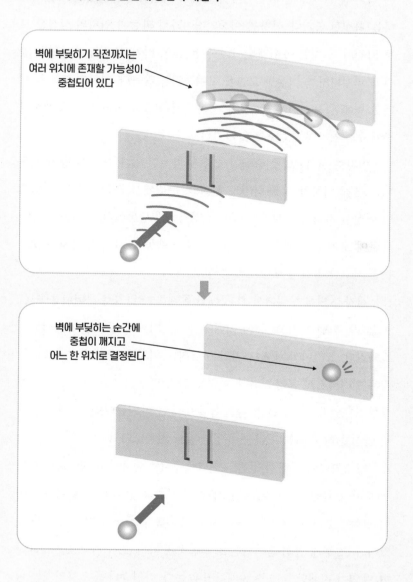

벽에 부딪히기 직전까지는
여러 위치에 존재할 가능성이
중첩되어 있다

벽에 부딪히는 순간에
중첩이 깨지고
어느 한 위치로 결정된다

는 벽의 줄무늬는 전자가 벽에 부딪히기 직전까지는 파동처럼 움직인다는 확실한 증거다. 전자는 이중인격이라서 파동과 입자의 성질을 모두 가진다. 하지만 아쉽게도 수줍음을 많이 타기 때문에 파동처럼 공간을 퍼져나가는 이상한 모습을 보여주지는 않는다. 전자의 모습을 보려고 벽에 충돌시킨 순간, 전자는 파동의 성질을 버리고 한 곳에서만 존재하는 입자의 모습으로 돌아간다.

인간도 전자처럼 이중적인 모습을 가지고 있다. 혼자서 방에 있을 때는 몰래 이상한 짓을 하기도 하지만, 주위에서 누군가가 보고 있으면 이상한 사람으로 보이기 싫어서 멀쩡하게 행동한다. 전자도 그렇다. 사람이 보지 않을 때는 파동처럼 이상한 행동을 하다가, 사람이 보는 순간 성실한 입자의 모습으로 바뀐다.

전자가 벽에 부딪혀서 한 곳에만 존재하는 입자로 나타나는 순간, 중첩되어 있던 여러 곳 중에 어디에서 전자가 나타날지는 확률적으로 정해진다. 그러니까 매번 전자가 부딪히는 위치를 확실하게 예측하는 것은 원리적으로 불가능하다. 이렇듯 양자의 행동을 확률적으로만 예상할 수 있다는 사실을 받아들이지 못했던 아인슈타인은 "신은 주사위 놀이를 하지 않는다"라는 유명한 말로 반론했다고 한다.

양자역학이 등장하기 전 고전역학에서는 물체의 움직임은 물리법칙에 따라 완전히 하나로만 결정된다고 여겼다. 공이 어느 위치에서 어떤 방향으로, 어떤 속도로 움직이기 시작했다는 것을 알았다고 하자. 그러면 그 후에 공의 움직임은 물리법칙에 따라 오직 하나로만 정해지며, 우연이 지배할 요소는 존재하지 않는다. 아인슈타인도 자연계는 확정적이며 우연 따위는 없다고 생각했다. "신이 주사위를 굴려서 나온

눈에 따라 전자가 어디에 나타날지 결정되는 어중간한 세계를 만들 리가 없다. 전자가 어디에 나타날지 확률적으로만 알 수 있는 것은 양자역학이 불완전하기 때문이다"라고 반론했다. 하지만 그 후의 연구로 현실의 양자 세계는 역시 '확률적'이라는 사실이 밝혀졌다. 현시점에서 우리는 양자역학을 세상의 온갖 현상을 모순 없이 설명할 수 있는 올바른 이론이라고 믿고 있다.

중첩 '방식'도 여러 가지

2중 슬릿 실험의 결과를 가지고 '전자가 중첩된 상태가 되었다'고 단순히 설명하지만, 중첩 방식은 다양하다. 중첩 방식이 변하면 벽에 나타나는 줄무늬의 패턴도 변한다. 중첩 방식이라는 개념을 이해하는 것이 양자컴퓨터를 이해하는 열쇠가 되는데, 양자컴퓨터는 많은 패턴을 중첩해서 그 중첩 방식을 잘 조정하면서 문제를 푸는 계산기이기 때문이다. 그러므로 미리 2중 슬릿 실험을 통해 중첩 방식이란 도대체 무엇인가에 대해 물리적 이미지를 떠올려보자.

2중 슬릿 실험에서 전자가 파동처럼 퍼져서 두 틈을 빠져나가면, 왼쪽 틈을 통과하거나 오른쪽 틈을 통과하는 두 가지 가능성이 중첩된다. 이때 중첩 방식은 두 가지 요소로 정해지는데, 빠져나간 두 '진폭의 비'와 '위상의 차이'가 그것이다. 각각의 의미를 설명하겠다.

첫 번째 요소는 틈을 빠져나간 두 진폭의 비인데, 전자의 진폭은

그림 2-9 한가운데서 전자를 발사했을 때의 중첩 방식

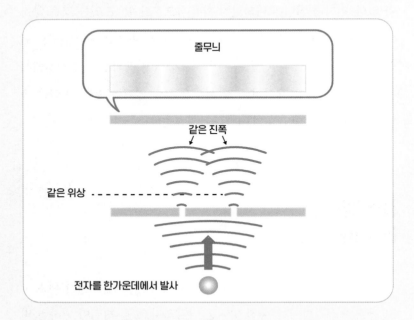

간섭하기 전에 전자 위치를 조사하면?

전자가 그곳에 존재할 가능성의 크기를 나타낸다. 따라서 틈을 빠져나간 두 진폭의 비는 두 가능성을 중첩한 비율에 해당한다. 그림 2-9의 위 그림처럼 전자를 한가운데에서 발사하면, 두 틈을 빠져나간 전자 파동은 같은 크기일 것이다. 이것은 왼쪽을 통과할 가능성과 오른쪽을 통과할 가능성이 50퍼센트의 비율로 중첩되었다는 의미다. 두 가능성이 중첩된 후 간섭할 틈도 없이 바로 벽에 부딪힌다고 하자. 이 상황이 그림 2-9의 아래 그림이다. 벽에 닿기 직전까지는 두 가능성이 50퍼센트의 비율로 중첩되어 있지만, 벽에 닿는 순간 중첩이 깨지고 왼쪽 또는 오른쪽의 어느 한쪽에 전자가 나타난다. 그 확률은 중첩 비율을 반영해서 왼쪽에 닿을 확률과 오른쪽에 닿을 확률 모두 50퍼센트다.

그런데 처음에 전자를 발사하는 위치가 그림 2-10의 위 그림처럼 약간 치우치면 어떨까? 이 경우에는 왼쪽 틈을 통과한 파동보다 오른쪽 틈을 통과한 파동이 커진다. 따라서 두 가능성이 중첩될 때, 오른쪽을 통과할 가능성이 더 큰 비율로 중첩된다. 그림 2-9와 마찬가지로 두 파동이 간섭을 일으키기 전에 벽에 부딪히면 중첩 비율을 반영해서 오른쪽에 부딪힐 확률이 커진다(그림 2-10의 아래 그림). 이처럼 파동 진폭의 비는 여러 가능성이 중첩할 비율을 결정하는 요소다. 이 비율이 바뀌면 벽에 나타나는 줄무늬의 농도가 달라진다. 이것은 두 파동이 만났을 때 보강되거나 상쇄되는 정도가 파동 진폭의 비에 따라 달라지기 때문이다.

중첩 방식을 결정하는 또 하나의 요소는 틈을 빠져나간 두 파동의 위상 차이다. 두 파동은 틈을 빠져나간 순간, 각각 마루와 골을 주기적으로 반복하며 진동한다. 그림 2-9처럼 전자를 발사한 위치가 한가운데라면, 두 파동의 위상은 같다. 즉 한쪽이 마루라면 다른 쪽도 마

그림 2-10 오른쪽에서 전자를 발사했을 때의 중첩 방식

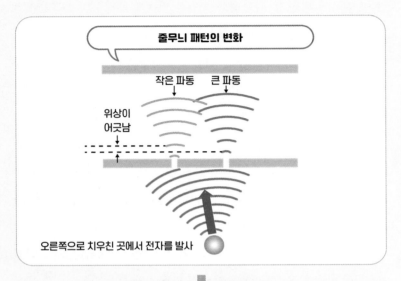

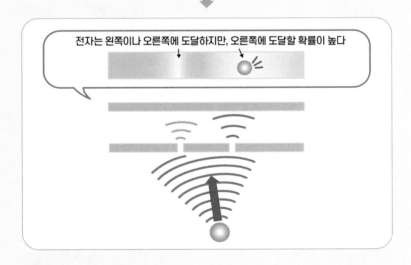

루, 한쪽이 골이면 다른 쪽도 골인 상태다. 하지만 그림 2-10처럼 전자를 발사하는 위치가 치우치면 두 파동의 위상은 어긋난다. 이렇게 타이밍이 어긋나면 벽에서 두 파동이 보강이나 상쇄를 일으키는 위치가 달라진다. 타이밍이 어긋나는 정도에 따라 줄무늬가 전체적으로 가로 방향으로 이동한다. 이처럼 두 파동의 위상의 차이는 간섭이 일어날 때 보강이나 상쇄가 일어나는 위치를 결정한다.

파동의 위상에 관한 이미지가 잘 떠오르지 않는다면, 욕조 안에서 물놀이를 해보라. 수면의 두 곳을 오른손 집게손가락과 왼손 집게손가락 끝부분으로 톡톡 쳐서 파동을 일으키는 것이다. 오른손과 왼손으로 동시에 치면 두 파동의 위상은 같고, 오른손과 왼손으로 번갈아가며 치면 두 파동의 위상은 반대가 된다. 주의 깊게 살펴보면 각 경우에 두 파동이 부딪힐 때의 모습이 달라지는 것을 알아차릴 수 있다. 두 파동이 간섭해서 보강과 상쇄가 일어나는 위치가 달라지는 것이다.

이렇듯 두 가능성이 중첩될 때, 중첩 방식은 두 진폭의 비와 위상의 차이로 정해진다. 중첩된 상태를 정확하게 설명하려면, 'A라는 가능성과 B라는 가능성이 ○퍼센트와 ×퍼센트의 비율로, 파동의 위상을 △분만큼 어긋나게 해서 중첩된 상태'라고 해야 한다. 한마디로 중첩이라고 해도 중첩 방식은 천차만별임을 알 것이다. 이렇게 설명하는 이유는 이것이 양자컴퓨터의 계산 원리와 깊은 관계가 있기 때문이다. 양자컴퓨터는 몇 가지 가능성의 파동을 중첩해서 간섭을 통해 진폭을 바꾸거나, 타이밍을 어긋나게 하여 중첩 방식을 변화시키면서 문제를 푸는 장치다. 그 구체적인 계산 원리는 3장에서 설명하겠다.

2중 슬릿 실험이 보여주는 양자컴퓨터의 계산 원리

지금까지의 설명을 정리해보자. 2중 슬릿 실험에서 입자로 여겼던 전자가 파동처럼 움직여서 두 슬릿을 통과한 후에 벽에 줄무늬를 만드는 것을 확인했다. 이 줄무늬는 전자가 왼쪽 틈을 통과하거나 오른쪽 틈을 통과하는 두 가지 가능성이 중첩되어 간섭을 일으켰다고 설명할 수 있다. 전자는 파동처럼 퍼져가며 두 틈을 동시에 통과하여 중첩되지만, 틈을 빠져나간 두 진폭의 비와 위상의 차이에 의해 중첩 방식은 다양하게 나타난다. 틈을 통과한 후의 전자는 여러 곳에 있을 가능성을 중첩하면서 나아간다. 하지만 벽에 부딪히게 해서 전자의 위치를 조사하려는 순간 어느 한 가지 가능성만이 확률적으로 선택되고, 전자는 벽의 한 점에만 나타난다.

양자컴퓨터는 '중첩'과 '간섭'을 잘 이용해서 문제를 푼다. 그 계산 원리는 2중 슬릿 실험과 비슷하다. 어떻게 비슷한지 설명하기 위해 문제를 하나 살펴보자. 비밀번호를 모르는 다이얼 자물쇠가 있는데, 어떻게든 번호를 알아내려 한다. 다이얼의 비밀번호는 네 가지 패턴뿐이라고 하자. 현대 컴퓨터로 이 문제를 푼다면 네 가지 번호를 하나씩 차례대로 시도한다. 첫 번째 번호로 시도해서 자물쇠가 열리지 않는다면, 그다음 번호를 차례대로 시도하는 것이다. 몇 번 시도해보면 자물쇠가 열리는 '딱 맞는' 번호를 찾을 수 있다. 이는 하나씩 전부 조사해서 답을 찾는 해법이라 조금 번거롭다.

한편, 양자컴퓨터는 좀 더 효율적인 해법으로 답을 찾는다. 양자

그림 2-11 **4중 슬릿 실험에서 '당첨' 슬릿을 하나하나 확인하는 방법**

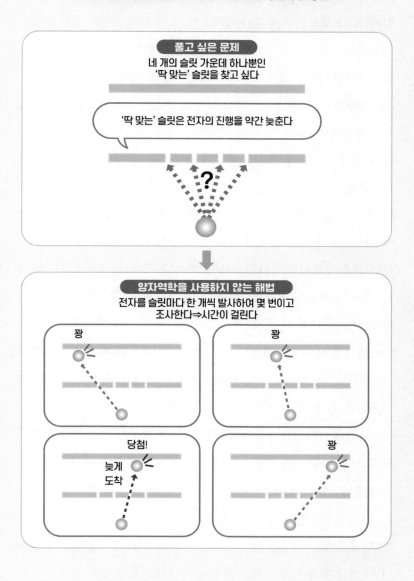

컴퓨터는 중첩을 사용해서 네 가지 번호를 전부 중첩해서 동시에 시도할 수 있다. 그러면 자물쇠가 열리지 않는 세 가지 패턴과 열쇠가 열리는 한 가지 패턴의 가능성이 전부 중첩된다. 마지막으로 네 가지 패턴을 잘 '간섭'시켜서 열쇠가 열리는 패턴만을 찾아내는 것이다.

어떻게 그런 일이 가능한지 의아할 것이다. 하지만 2중 슬릿 실험을 이해한다면, 양자컴퓨터의 해법을 연상하는 것이 그렇게 어렵지는 않다. 열쇠 다이얼의 네 가지 패턴에 해당하는 네 개의 슬릿을 사용한 4중 슬릿 실험을 생각해보자. 그 모습은 그림 2-11에서 확인할 수 있다. 네 개의 슬릿 중에는 한 개의 당첨 슬릿이 있어서, 거기에만 전자의 타이밍을 늦출 수 있는 장치가 있다고 하자. 이는 자물쇠의 네 가지 번호 패턴 가운데 하나만이 자물쇠를 열 수 있는 딱 맞는 패턴이라는 뜻이다. 남은 세 개의 슬릿은 꽝이며 전자를 그대로 통과시킬 뿐이다. 현대 컴퓨터의 '하나씩 전부 확인하는' 해법은 각 슬릿에 차례대로 전자를 발사해서 조사해보는 것으로, 전자를 한 번 발사할 때마다 벽에 전자가 부딪히는 타이밍을 보고 전자가 슬릿을 그냥 통과했는지, 조금 늦어졌는지 조사하면 당첨 여부를 판단할 수 있다.

반면에 양자컴퓨터의 해법은 다르다. 그 모습은 그림 2-12에서 확인할 수 있다. 2중 슬릿 실험에서 봤듯이, 전자는 중첩되어 여러 슬릿을 동시에 통과할 수 있다. 마찬가지로 전자를 단 한 번만 발사해서 네 개의 슬릿을 동시에 조사한다. 전자가 파동처럼 네 개의 슬릿을 빠져나가면, 당첨 슬릿을 지나간 파동만 위상이 달라진다. 이 어긋남을 활용해서 세 개의 꽝 슬릿을 통과한 파동과 하나의 당첨 슬릿을 통과한 파동을 잘 간섭시키면, 당첨 슬릿을 통과한 파동만 보강되어 커지고, 남은

그림 2-12 4중 슬릿 실험에서 양자역학 원리를 사용하여 '딱 맞는' 슬릿을 찾는 방법

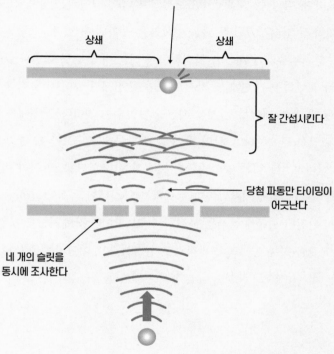

양자역학의 원리를 사용한 해법

중첩하여 보강된 한 곳에만 전자가 도달하여
'딱 맞는' 슬릿의 위치를 가르쳐준다

상쇄   상쇄

잘 간섭시킨다

당첨 파동만 타이밍이
어긋난다

네 개의 슬릿을
동시에 조사한다

슬릿을 통과한 파동은 상쇄되어 작아진다. 최종적으로 벽에 전자가 부딪히는 위치를 조사하면 당첨 슬릿이 어디에 있는지 알 수 있다.

이때는 2중 슬릿 실험처럼 벽에 줄무늬가 생기지는 않으므로, 파동의 간섭 방식을 궁리해서 벽에 나타나는 무늬를 잘 조정하는 것이 중요하다. 벽의 한 지점에서만 보강되고 다른 곳에서는 상쇄되도록 파동끼리 잘 간섭시키면 딱 맞는 정보만을 찾아낼 수 있다.

양자컴퓨터가 계산을 빨리하는 원리는 다중 슬릿 실험과 같다. 하나씩 계산하는 대신에 몇 가지 계산을 중첩해서 동시에 한 다음, 간섭을 통해 답에 해당하는 계산 패턴만 찾아내는 것이다. 간섭에는 꽤 많은 고안이 필요하지만, 잘만 하면 답을 찾아내는 수고를 확 줄일 수 있다. 현대의 컴퓨터는 양자역학을 사용하지 않으므로, 당연히 이런 계산을 할 수 없다. 이처럼 양자컴퓨터는 양자역학 특유의 현상을 이용해서 완전히 새롭게 문제를 풀어낼 수 있다. 이번 장에서는 양자컴퓨터의 계산 원리를 상당히 직관적으로 설명했지만, 이어지는 3장과 4장에서는 이 원리를 더 구체적으로 살펴볼 것이다.

왜 일상 세계와 미시 세계는 다른가

지금까지 양자역학의 불가사의한 세계와 양자컴퓨터와의 관계에 관해 설명했다. 마지막으로 질문을 하나 던져볼까 한다. 양자역학이 적용되는 미시 세계와 우리가 사는 일상 세계는 왜 다를까?

원자 한 개나 전자 한 개 등의 미시 세계는 양자역학을 따르고 중첩이나 간섭이 일어난다. 한편, 우리가 일상적으로 접하는 비교적 큰 물질은 다수의 원자와 전자의 집합체다. 개별 원자나 전자가 양자역학을 따른다면, 그 집합체도 마찬가지로 양자역학을 따라야 할 것이다. 하지만 일상 세계의 축구공이 두 장소에 동시에 존재하는 중첩과 같은 상황은 일어나지 않는다. 축구공과 같이 큰 물질에서 중첩이나 간섭을 볼 수 없는 이유는 무엇일까?

이 질문에 대한 정확한 답은 아직 밝혀지지 않았다. 하지만 유력한 이유로 여겨지는 현상이 있다. 바로 중첩이나 간섭을 일으키는 파동의 성질이 주위의 영향을 받아 파괴되어버린다는 것이다. 파동의 성질이 파괴되면, 어떤 한 지점에 존재하는 입자의 성질만 남아서 중첩이 사라져버린다. 게다가 여러 입자로 이루어진 큰 물질일수록 파동의 성질이 파괴되기 쉽다. 그 결과 일상적인 크기의 세계에서는 중첩이나 간섭이 일어나지 않는다는 것이다. 이렇게 파동의 성질이 파괴되는 현상을 전문 용어로는 결잃음Decoherence이라고 한다.

2중 슬릿 실험을 떠올려보면, 하나의 전자는 두 개의 슬릿을 동시에 통과해서 앞쪽에 있는 벽에 줄무늬를 만들었다. 전자만 준비할 수 있다면 누구라도 할 수 있을 것 같은 간단한 실험이다. 그렇지만 이 줄무늬를 관찰하는 것은 결코 쉬운 일이 아니다. 예를 들어 전자가 진행할 때 주위를 제멋대로 돌아다니는 원자나 분자와 충돌하면, 충돌하면서 전자의 파동 진동은 흐트러지고 줄무늬가 보이지 않게 된다.

이는 수면을 나아가는 파동을 떠올리면 연상하기 쉽다. 수면의 파동은 장애물이 없다면 그 모양을 유지하면서 나아간다. 하지만 수면에

바위와 같은 장애물이 많다면 어떻게 될까? 파동이 바위에 부딪혀서 형태가 망가지거나, 바위에서 반사된 파동과 불규칙적으로 간섭을 일으켜서 파동의 형태가 엉망이 되어버릴 것이다. 전자도 원자나 분자와 충돌하면 같은 현상이 일어나서 간섭이 발생하지 않는다. 그래서 2중 슬릿 실험은 대기 중에서는 할 수 없다. 방해하는 원자나 분자를 가능한 한 모두 제거한 진공 용기 안에서 해야 한다.

입자 하나로 하는 실험에서도 파동의 성질은 파괴되기 쉽다. 그런 만큼 많은 입자로 이루어진 큰 물질이라면 그것을 둘러싼 주위의 여러 물질로부터 영향을 받으므로 파동의 성질은 파괴되기가 더욱 쉬울 것이다. 물질을 구성하는 개별 입자는 파동의 성질을 가지고 있겠지만, 주위의 영향을 받는 동안에 각 파동이 제각각의 빠르기와 타이밍으로 진동한다. 그 결과 커다란 물질 전체로 본다면 개별 입자의 파동으로서의 성질은 상쇄되어 보이지 않는다. 그래서 커다란 물질의 움직임에 대해서는 그것을 구성하는 입자 하나하나의 파동의 움직임은 잊고 입자 집단 전체의 평균적인 움직임을 생각해도 된다. 이런 평균적인 움직임을 잘 설명하는 것이 고전역학이다.

거꾸로 말해 주위에서 파동의 성질을 흐트러지게 하는 요인을 가능한 한 배제할 수 있다면, 원자 한 개나 전자 한 개보다 조금 더 큰 물질에서도 중첩이나 간섭을 관측할 수 있을 것이다. 실제로 얼마나 큰 물질까지 중첩이나 간섭이 일어나는지 하는 문제는 중요한 연구 주제 중 하나다(그림 2-13).

60개의 탄소 원자로 축구공 모양을 만든 풀러렌fullerene이라는 분자로 2중 슬릿 실험을 해서 줄무늬를 관찰한 사실이 있다. 풀러렌은 원

그림 2-13 큰 물체에서도 중첩이나 간섭을 볼 수 있을까?

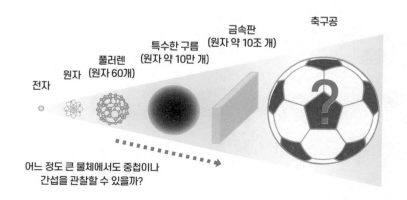

자 하나에 비하면 상당히 크지만, 그래도 간섭이 일어난 것이다. 그리고 10만 개 정도의 원자가 모여서 만들어진 특수한 구름이 떨어져 있는 두 곳에 동시에 존재하는 중첩 상태인 것이 확인되었다. 최근에는 눈에 보이는 크기의 물질로도 중첩이 가능하다는 사실을 검증했다. 10조 개 정도의 원자로 이루어진 길이 약 0.4밀리미터 금속판이 큰북의 면처럼 진동하는 상태와 진동하지 않고 멈춰 있는 상태가 중첩되어 있는 모습을 확인한 것이다. 지금도 더 큰 물질에서 중첩이나 간섭이 일어나는지 연구가 계속 진행되고 있다.

양자컴퓨터를 만드는 데도 마찬가지의 노력이 필요하다. 이미 설명한 대로 양자컴퓨터의 계산은 다중 슬릿 실험을 하는 것과 같아서, 몇 가지의 계산 패턴을 중첩하고 간섭시켜 계산한다. 다중 슬릿 실험에 성공하려면 계산 도중에 중첩을 만들어내는 파동의 성질이 최대한 손상되지 않도록 주위의 영향을 없애는 것이 중요하다. 실제로 어떤 방법으로 양자컴퓨터를 만드는지는 5장과 6장에서 소개한다.

◆ 양자란 원자·전자·광자 등 작은 물질이나 양의 단위를 나타내는 단어다. 양자의 세계
는 일상 세계와는 다른 법칙의 지배를 받으며, 그 원리를 정리한 이론이 양자역학이다.

- -

◆ 2중 슬릿 실험은 입자이기도 하며 파동이기도 한 양자의 불가사의한 모습을 분명히 보
여준다. 입자라고 생각했던 양자는 파동처럼 퍼져서 두 슬릿을 동시에 통과하고 간섭한
다. 마지막에 벽에 부딪히면 입자의 모습으로 돌아와서 한 곳에 나타난다.

- -

◆ 양자가 파동처럼 두 슬릿을 동시에 통과한 상태가 중첩이며, 진폭의 비와 위상의 차이
에 의해 중첩 방식이 정해진다.

- -

◆ 양자컴퓨터의 계산 원리는 2중 슬릿 실험과 비슷하다. 몇 가지 계산 패턴을 중첩하여 동
시에 실행한 후에 각 패턴을 잘 간섭시켜서 원하는 답만을 찾아낸다.

- -

양자컴퓨터는
어떤 원리로 계산하는 걸까?

현대의 컴퓨터와 양자컴퓨터, 어떻게 다를까?

이번 장에서는 본격적으로 양자컴퓨터의 계산 원리를 설명한다. 양자컴퓨터는 현대의 일반적인 컴퓨터와는 완전히 다르고 신비한 원리에 따라 작동한다고 여기는 사람도 있을 것이다. 하지만 양자컴퓨터의 계산 원리는 일반적인 컴퓨터의 계산 원리를 기반으로 한 것이므로 기본적인 사고방식은 비슷하다. 이것은 1985년에 '양자컴퓨터의 아버지'이기도 한 데이비드 도이치가 양자컴퓨터의 계산 이론을 만들 때 현대 컴퓨터의 계산 이론을 바탕으로 했기 때문이다.

그렇기는 해도 현대 컴퓨터의 계산 원리조차 잘 모르는 사람도 많을 것이다. 그래서 이번 장에서는 현재의 컴퓨터가 어떤 정보를 다루며 어떻게 계산하는지 소개한다. 그리고 이를 양자 버전으로 발전시켜서 양자컴퓨터의 계산 원리를 설명하겠다. 그렇게 현대의 컴퓨터와 양자컴퓨터를 비교해보면 두 컴퓨터의 계산 원리의 차이가 명확해질 것이다.

여기에서는 어려운 수식은 전혀 쓰지 않고 직관적으로 컴퓨터의 계산 원리를 설명한다. 직관적이라고는 하지만, 오셀로 게임이나 장기를 처음 배울 때처럼 계산의 원리를 이해하려면 조금은 머리를 써야 한다. 다만 세세한 규칙은 그다지 어렵지 않아서 차례대로 읽어가면 양자컴퓨터의 계산 원리를 파악할 수 있을 것이다. 한편, 양자컴퓨터의 계산 이론에는 흥미가 없지만 장치의 구조나 개발 상황을 알고 싶다면, 3장과 4장을 건너뛰고 5장과 6장으로 넘어가길 권한다. 나중에 계산 이론을 알고 싶으면 다시 이 장을 읽으면 된다.

현대 컴퓨터가 정보를 처리하는 원리

스마트폰부터 태블릿 단말기, 개인용 컴퓨터, 슈퍼컴퓨터에 이르기까지 현대 컴퓨터의 계산 원리는 기본적으로 같다. 1장에서 이런 컴퓨터는 트랜지스터라는 전기 스위치가 많이 모여서 계산을 처리한다고 설명했다. 이 스위치에는 전류가 흐르는 ON 상태와 전류가 흐르지 않는 OFF 상태가 있어서 ON과 OFF로 '0'과 '1'의 두 가지 숫자를 나타낼 수 있다. 이렇게 0이나 1이라는 정보 단위를 '비트'라고 한다.

보통 숫자를 셀 때는 0부터 9까지 열 가지 숫자를 사용하는데, 0부터 세어 9까지 가면 다음에는 자릿수가 올라가서 10이 된다. 이렇게 10마다 자릿수가 올라가는 숫자를 10진수라고 한다. 컴퓨터 트랜지

그림 3-1 10진수 숫자와 그림을 비트로 표현한다

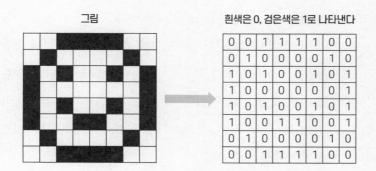

비트를 사용한 계산

10진법	2진법
0	0
1	1
2	10
3	11
4	100
5	101
⋮	⋮

2+3=5를 계산하는 경우

컴퓨터 안에서는 2진수

② → 10
+
③ → 11

10
11 → 비트 변환 → 101 → ⑤

비트를 사용한 그림 표현

그림

흰색은 0, 검은색은 1로 나타낸다

0	0	1	1	1	1	0	0
0	1	0	0	0	0	1	0
1	0	1	0	0	1	0	1
1	0	0	0	0	0	0	1
1	0	1	0	0	1	0	1
1	0	0	1	1	0	0	1
0	1	0	0	0	0	1	0
0	0	1	1	1	1	0	0

스터는 0과 1의 두 숫자만 사용할 수 있어서 10진수 대신 2진수를 사용하여 0과 1만으로 모든 숫자를 표시한다. 2진수에서는 0, 1을 센 다음에는 자릿수가 올라가서 10(일영)이 된다(그림 3-1의 위 그림). 더 세어가면 다음에는 11(일일), 100(일영영), 101(일영일)이 되며, 10진수처럼 자릿수가 늘어날수록 큰 숫자를 나타낸다. n개의 비트가 있으면 n자리의 2진수를 나타낼 수 있고, 2n번째까지의 숫자 중 하나를 표시할 수 있다.

그림 3-1의 위 그림처럼 컴퓨터로 2+3을 계산한다고 하자. 컴퓨터는 먼저 2와 3을 2진수로 고쳐서 비트로 표시하고, 덧셈에 해당하는 비트 변환을 수행한다. 계산 결과는 2진수로 101로 얻어지고, 이것을 인간이 알아보기 쉽게 10진수로 고쳐서 5라고 표시하는 것이다.

컴퓨터는 숫자뿐만 아니라 각종 정보를 비트로 표시한다. 문장도, 그림도, 음악도, 0과 1만 나열하여 011010…과 같이 표시한다. 그림 3-1의 아래 그림은 그림 정보를 비트로 표시한 예다. 컴퓨터는 격자 상태로 늘어선 사각 영역이 흰색인지 검은색인지, 하나하나 지정하여 그림을 표시한다. 이처럼 흰색 또는 검은색이라는 정보를 0이나 1로 치환하면 그림을 비트로 표시할 수 있다. 마찬가지로 문장이나 음악 등의 정보도 비트로 표시할 수 있다. 그리고 그림, 문장, 음악을 편집할 때는 비트 정보를 변환해서 새로 쓴다.

이제 컴퓨터가 계산할 때 어떤 규칙에 따라 비트를 변환하는지 자세하게 살펴보자.

기본적인 비트 변환
=논리연산

평소에 사용하는 10진수 산수에서 처음 배우는 계산은 사칙연산, 즉 덧셈, 뺄셈, 곱셈, 나눗셈이다. 이 네 가지 기본 연산을 마스터하면 이것들을 조합해서 여러 가지 문제를 풀 수 있다. 2진수를 사용한 비트 계산도 이와 비슷하다. 사칙연산 대신에 2진수 세계의 기본적인 계산이 몇 가지 있는데, 이것들을 조합하면 어떤 문제든 풀 수 있다. 이런 2진수의 기본적인 계산을 논리연산이라고 한다. 논리연산이란 비트 정보를 일정한 규칙을 바탕으로 하여 다른 비트로 변환하는 조작이다.

논리연산의 대표적인 예를 그림 3-2에서 확인할 수 있다. 가장 단순한 것은 주어진 하나의 비트인 0과 1을 반전시키는 NOT이라는 연산이다. 즉 비트가 0이면 1로 바꾸고, 1이면 0으로 바꾸는 것이다. 'NOT ~'은 '~가 아니다'라는 부정을 나타내므로 비트를 반전시킨다는 이미지를 연상하기 쉽다. NOT은 그림 3-2의 위 그림에 있는 기호로 나타낸다. 왼쪽에서 하나의 비트가 들어와서(입력) NOT 연산을 거치면 비트가 바뀌고 바뀐 비트가 오른쪽으로 나오는(출력) 것이다.

하나 더 이야기할 것이 AND라는 연산이다. 그림 3-2의 아래 그림처럼 두 개의 비트를 입력해서 하나의 비트를 출력하는 연산으로, '× AND ○'는 '× 그리고 ○'라는 의미다. 그래서 AND는 입력한 두 개의 비트가 모두 1일 때만 1을 출력한다. 나머지 경우, 즉 0과 0, 0과 1, 1과 0이면 0을 출력한다.

NOT과 AND가 비트 정보를 처리하는 기본 조작인데, 이 조작은

그림 3-2 논리연산에서 NOT과 AND의 동작

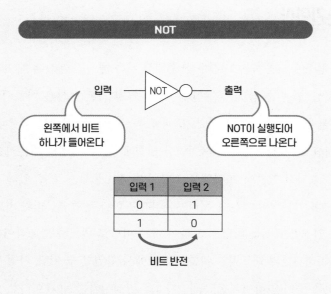

NOT

입력 — NOT — 출력

왼쪽에서 비트 하나가 들어온다

NOT이 실행되어 오른쪽으로 나온다

입력 1	입력 2
0	1
1	0

비트 반전

AND

입력 1
입력 2 — AND — 출력

입력 1	입력 2	출력
0	0	0
0	1	0
1	0	0
1	1	1

양쪽이 1일 때만 1을 출력

그림 3-3 컴퓨터 안의 AND 전기회로

스위치	트랜지스터	정보
OFF ✕ 전류가 흐르지 않는다	OFF 전류가 흐르지 않는다	⓪
ON 전류가 흐른다	전기신호 ⟶ ON 전류가 흐른다	❶

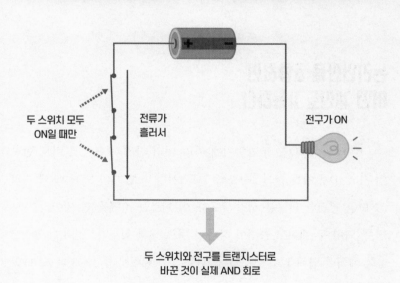

AND 전기회로

두 스위치 모두 ON일 때만

전류가 흘러서

전구가 ON

두 스위치와 전구를 트랜지스터로
바꾼 것이 실제 AND 회로

컴퓨터 안에서 어떻게 이루어질까? 컴퓨터 안에서 비트 정보는 트랜지스터의 ON과 OFF로 표현하는데, 트랜지스터는 단순히 정보만 나타내는 것이 아니라 논리연산도 처리할 수 있다. 먼저 그림 3-3의 아래 그림처럼 스위치 두 개와 전구를 연결한 회로를 만든다. 이 회로는 두 개의 스위치가 모두 ON이 되어야만 전류가 흘러 전구가 ON이 된다. 이 스위치와 전구를 트랜지스터로 바꾸면, 두 개의 트랜지스터가 ON(1)이 되어야만 다음 트랜지스터를 ON(1)으로 만드는 회로가 된다. 이렇게 하면 양쪽 모두 1일 때만 1을 출력하는 AND의 동작을 실현할 수 있다. 마찬가지로 트랜지스터를 잘 접속하면 NOT 연산도 실현할 수 있다. 그러므로 트랜지스터는 비트 정보를 나타낼 뿐만 아니라 연산도 실행할 수 있는 만능 부품인 것이다.

논리연산을 조합하면 어떤 계산도 가능하다

NOT과 AND는 조합하기에 따라 여러 가지 패턴으로 비트 변환이 가능하다. 예를 들어 그림 3-4의 위 그림처럼 다섯 개의 NOT과 세 개의 AND를 연결한 회로를 생각해보자. 이 회로는 전체를 한 덩어리로 보면, 입력이 두 개이고 출력이 하나인 비트 변환 회로다. 그림 3-4의 중간 그림의 예처럼 입력 1에는 0, 입력 2에는 1을 넣어보자. NOT과 AND의 변환 규칙에 따라 비트를 차례로 변환하면 최종적으로 1이 출력된다. 입력이 다른 패턴일 때를 살펴보면, 결국 변환은 그림 3-4의 위 그림에 있

그림 3-4 NOT과 AND로 구성한 XOR의 동작

NOT과 AND로 구성한 XOR 회로

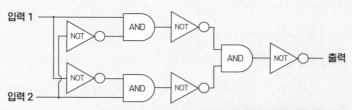

입력 1	입력 2	출력
0	0	0
0	1	1
1	0	1
1	1	0

같으면 0, 다르면 1을 출력

예

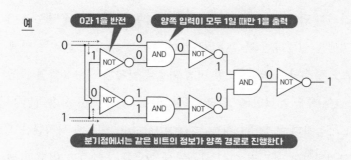

참고

입력 1 ⟩ XOR ⟩ 출력
입력 2

입력 두 개, 출력 한 개인 회로를
정리해서 기호 하나로 그린 경우

는 표처럼 되는 것을 알 수 있다. 즉 이 회로는 0과 0이나 1과 1을 입력하면 0을 출력하고, 0과 1이나 1과 0을 입력하면 1을 출력한다. 이처럼 NOT과 AND를 조합해서 새로운 변환 규칙을 만들 수 있다. 참고로 여기서 보여준 변환 규칙은 XOR이라고 하는데, 그림 3-4의 아래 그림과 같은 기호로 표시하기도 한다.

이것과 마찬가지로 NOT과 AND를 여러 개 조합하면 온갖 비트 변환을 실현할 수 있다. 즉 다수의 비트를 입력해서 다수의 비트를 출력하는 복잡한 변환도 NOT과 AND를 차례로 실행해서 비트를 한 개나 두 개씩 변환해가면 실현할 수 있다. 게다가 우리가 수학에서 공부하는 어려운 계산도 NOT과 AND만으로 가능하다.

그 원리는 다음과 같다(그림 3-5). 먼저 NOT과 AND를 조합해서 덧셈을 실행하는 회로를 만든다(덧셈 회로에 대한 상세한 내용은 이번 장 끝에 있는 칼럼을 참조하라). 이 회로는 두 숫자(예를 들어 2와 3)를 입력하면 둘을 더해서 답(5)을 출력해주는 회로다. 이 덧셈 회로에서 양수와 음수의 덧셈을 실행하면 뺄셈이 되므로(예: 3+(-1)=2), 덧셈 회로는 뺄셈 회로로도 사용할 수 있다. 또한 덧셈 회로를 반복해서 사용하면 곱셈(예: 5×3=5+5+5)을 계산할 수 있고, 뺄셈 회로를 반복해서 사용하면 나눗셈도 가능하다(예: 12-4-4-4=0. 그러므로 12÷4=3). 이렇게 사칙연산 회로가 완성되었다. 게다가 이런 사칙연산 회로를 조합하면 미분과 적분, 사인과 코사인, 지수와 로그 등 어려운 계산도 실현할 수 있다.

현대의 컴퓨터는 계산 능력이 뛰어나서 사람이 처리할 수 없는 몹시 어려운 계산도 처리해준다. 얼핏 보면 컴퓨터가 매우 똑똑한 원리로 계산하는 것처럼 보이겠지만, 실제로는 NOT과 AND라는 매우 단순

그림 3-5 기본 논리연산을 조합하면 온갖 계산을 할 수 있다

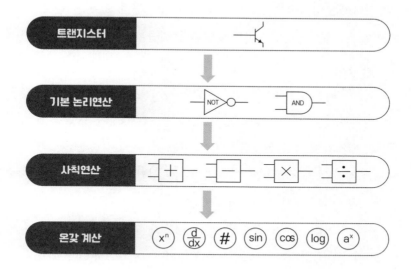

한 논리연산만 가지고 수고스럽게 계산하는 것이다. 그리고 NOT이나 AND는 트랜지스터를 사용해서 실행하므로 모든 계산은 트랜지스터라는 한 종류의 부품이 담당하는 셈이다. 트랜지스터가 현대 컴퓨터를 지탱하는 얼마나 위대한 발명인지 이해했으리라 생각한다.

비트와 논리연산의 양자 버전은?

현대 컴퓨터의 원리를 대략 이해했다면, 이제 양자컴퓨터에 대해 알아보자. 현대 컴퓨터의 구성 요소는 0이나 1이라는 정보를 표시하는 비트와 비트를 변환하는 NOT이나 AND 등의 논리연산이다. 양자컴퓨터에서는 양자역학 원리를 사용해서 이런 구성 요소를 '양자 버전'으로 치환한다. 즉 양자비트와 양자 논리연산이 양자컴퓨터를 구성한다.

양자가 어떤 성질을 가지는지 2장의 2중 슬릿 실험을 떠올려보자. 그림 3-6처럼 두 개의 틈이 있는 판을 향해 입자를 발사하면, 일상 세계에서는 입자가 왼쪽을 통과하거나 오른쪽을 통과하거나, 둘 중 한 가지다. 하지만 양자 세계에서는 두 가지 가능성이 어느 하나로 정해지지 않고 동시에 존재하는 중첩이 일어난다.

이런 양자의 성질을 컴퓨터에 이용해보자. 현대의 컴퓨터에서 비트는 0이나 1 중 하나다. 비트 정보는 트랜지스터의 ON과 OFF로 표시하므로 이 두 가지 외에는 취할 수 없다. 그런데 양자의 성질을 이용해서 정보를 표시하면 0과 1뿐만 아니라 그 중첩도 될 수 있다. 이런 아이디어를 바탕으로 양자컴퓨터는 '0과 1의 중첩'을 정보 단위로 사용한다. 이런 정보 단위를 양자비트라고 한다.

양자비트의 개수가 증가하면 많은 정보를 중첩할 수 있다. 예를들어 일반적인 비트가 두 개라면 00, 01, 10, 11이라는 네 가지 패턴 가운데 어느 하나의 정보만 표시할 수 있다. 한편 양자비트가 두 개라면 이들 네 가지 패턴 모두를 중첩해서 동시에 가질 수 있다. 양자비트가 하나 증가할 때마다 중첩할 수 있는 패턴은 두 배가 된다. 그러므로 양자비트가 n개라면 00…00부터 11…11까지 2^n가지 패턴의 모든 정보를 중첩해서 가질 수 있다(그림 3-7). 양자비트 n=10개라면 약 1,000가지 패턴, n=100개라면 10^{30}가지 패턴을 중첩할 수 있다. 적은 개수로도

그림 3-6 일반적인 비트와 양자비트

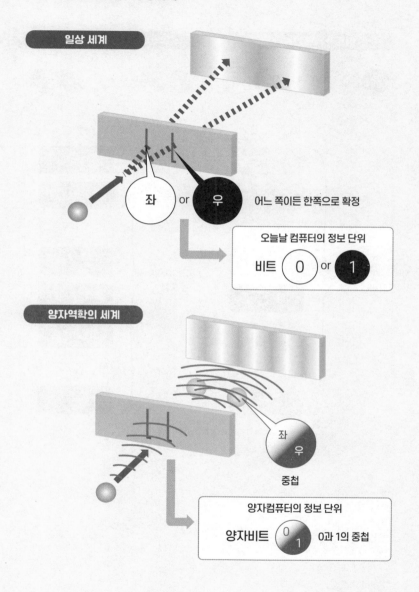

일상 세계

어느 쪽이든 한쪽으로 확정

오늘날 컴퓨터의 정보 단위

비트 0 or 1

양자역학의 세계

좌
우

중첩

양자컴퓨터의 정보 단위

양자비트 0 1 0과 1의 중첩

그림 3-7 비트와 양자비트가 많이 있는 경우

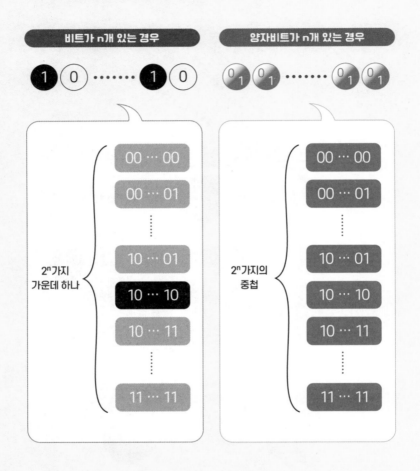

방대한 패턴 정보를 중첩해서 동시에 가질 수 있는 것이 양자비트의 놀라운 능력이다.

양자비트를 사용한 계산은 일반적인 비트 계산과 어떻게 다를까? 일반적인 비트를 사용한 계산에서는 NOT이나 AND 등의 논리연산을 반복적으로 사용해서 비트를 변환했다. 반면 양자비트를 사용해서 계산하면 양자 버전의 논리연산인 양자 논리연산을 사용한다. 즉 양자 NOT이나 양자 AND 등을 사용하는 것이다. 양자 논리연산의 구체적인 예는 그림 3-8에서 확인할 수 있는데, 이런 연산으로 양자비트 정보를 변환해서 양자컴퓨터의 계산을 실행한다.

양자 논리연산의 놀라운 능력은 중첩된 각 정보에 대해 중첩을 유지한 채로 동시에 실행할 수 있다는 점이다. 예를 들어 0과 1의 중첩인 양자비트에 양자 NOT 연산을 실행하면 0에 대한 NOT 연산과 1에 대한 NOT 연산이 동시에 실행되고, 두 가지 연산 결과가 중첩된 채로 출력되는 것이다. 이런 원리에 따라 양자컴퓨터에서는 몇 가지나 되는 패턴 계산을 중첩해서 동시에 처리할 수 있다. 이것만 보면 현대의 컴퓨터보다 2^n배나 계산이 빨라지길 기대하겠지만, 그것은 성급한 판단이다. 양자컴퓨터의 계산 원리를 제대로 이해하기 위해서 다음에는 양자비트와 양자 논리연산에 관해 더 구체적으로 설명하겠다.

그림 3-8 일반적인 컴퓨터와 양자컴퓨터의 구성 요소 비교

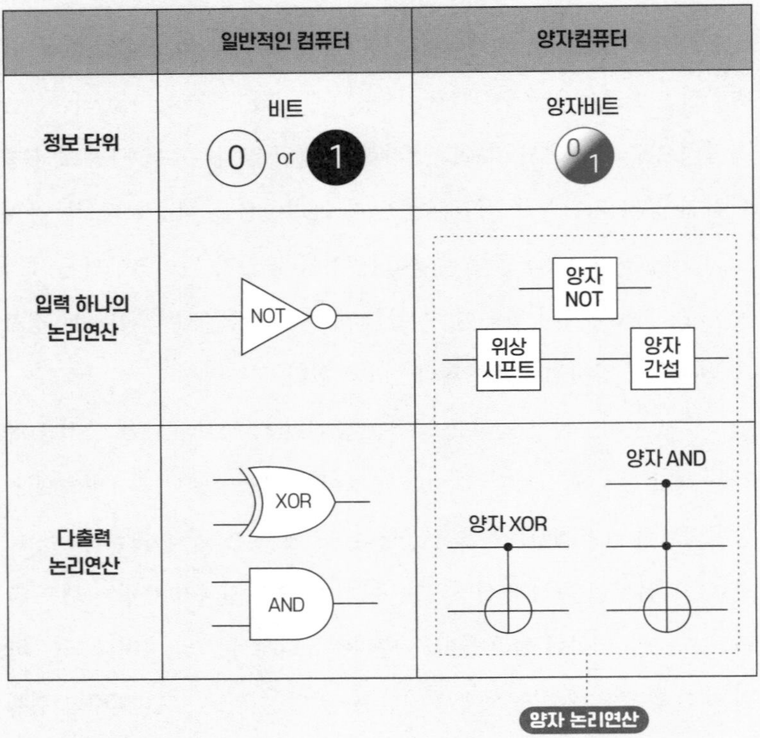

	일반적인 컴퓨터	양자컴퓨터
정보 단위	비트 0 or 1	양자비트 0 1
입력 하나의 논리연산	NOT	양자 NOT 위상 시프트 · 양자 간섭
다출력 논리연산	XOR AND	양자 XOR · 양자 AND

양자 논리연산

중첩 방식,
양자비트가 정보를 나타내는 법

양자비트는 0과 1의 중첩 정보라고 설명했다. 이 정보는 그림 3-6에서도 확인했듯이 2중 슬릿 실험에서 전자의 중첩 상황과 연관 지을 수 있다. 2중 슬릿 실험에서 전자가 왼쪽 슬릿을 지나가면 0, 오른쪽 슬릿을 지나가면 1에 대응시키면 된다. 2장에서 전자의 중첩 방식에는 여러 가지 패턴이 있다고 이야기했는데, 여기에서 잠깐 다시 살펴보자. 2중 슬릿 실험에서 발사된 전자는 파동처럼 퍼져가서 두 슬릿을 동시에 통과한다. 이때 두 슬릿을 빠져나간 진폭의 비와 위상의 차이가 여러 가지로 나타나므로 이것으로 인해 중첩 방식에도 여러 가지가 있다는 내용이었다.

이는 양자비트에서도 마찬가지로 0과 1의 중첩 방식에는 여러 가지 패턴이 있다(그림 3-9의 위 그림). 한마디로 0과 1의 중첩이라고 해도 0과 1에 대응하는 진폭의 비가 다르거나 위상이 달라지면 다른 정보를 가지는 양자비트가 된다. 양자비트는 단순히 0과 1의 정보가 중첩되어 동시에 존재한다는 사실만이 중요한 게 아니라, 그 두 개의 중첩에 의해 정보를 표현한다는 것이 중요하다.

양자비트가 한 개가 아니라 n개라면 중첩 방식은 어떻게 될까? 그때는 00…00부터 11…11까지 2^n개 패턴의 정보가 중첩된다. 2^n개 패턴 정보의 중첩은 2중 슬릿 실험에서 슬릿의 개수를 2^n개로 늘린 것으로 생각하면 된다(그림 3-9의 아래 그림). 전자 파동이 각 슬릿을 통과하므로 전자는 2^n가지의 모든 슬릿을 동시에 통과한 중첩 상태가 된다. 이런

그림 3-9 양자비트가 한 개인 경우와 n개인 경우의 중첩 방식

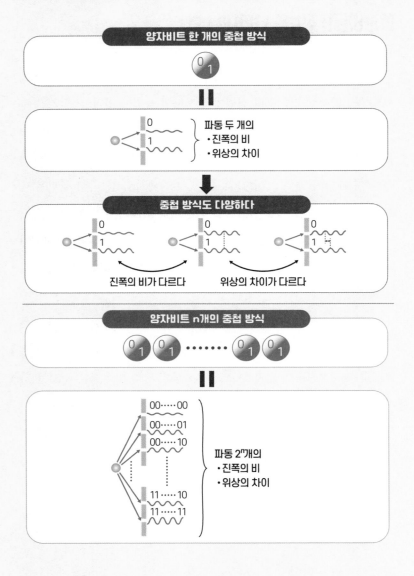

중첩 방식은 2^n개의 진폭의 비와 위상의 차이에 따라 결정된다. 즉 n개의 양자비트는 2^n개의 파동이 어떻게 중첩되었느냐 하는 중첩 방식의 정보를 나타내는 것이다.

한편, 일반적인 컴퓨터에서는 n개의 비트가 있어도 011…010처럼 특정한 한 가지 패턴 정보만 표시할 수 있다. 따라서 양자컴퓨터가 다루는 정보는 현대의 컴퓨터가 다루는 정보와 완전히 질이 다르다는 것을 알 수 있다. 더 나아가 양자컴퓨터는 중첩 방식을 나타내는 많은 파동을 잘 이용해서 계산을 처리한다. 양자컴퓨터란 단순히 정보를 중첩해서 병렬로 계산하는 것이 아니라, 많은 파동의 중첩 방식을 잘 조종하면서 계산하는, 파동을 사용하는 계산 장치인 것이다.

양자비트의 한계

양자비트는 중첩을 사용해서 같은 개수의 비트보다 압도적으로 많은 정보를 표현할 수 있다. 따라서 양자컴퓨터가 일반적인 컴퓨터보다 대량의 정보를 처리할 수 있는 것은 분명하다. 그러므로 양자컴퓨터는 현대의 컴퓨터보다 당연히 계산이 빠르다고 생각할 수도 있다. 하지만 실제로는 그렇게 단순한 이야기가 아니다. 양자컴퓨터의 계산은 마지막에 계산 결과를 읽을 때 제약이 있기 때문이다. 마지막에 계산 결과를 읽으려면 양자비트가 어떤 정보를 가지는지 측정해서 조사해야 한다. 하지만 양자비트에는 측정하려고 하면 중첩이 깨져서 0이나 1의

그림 3-10 **양자비트 측정**

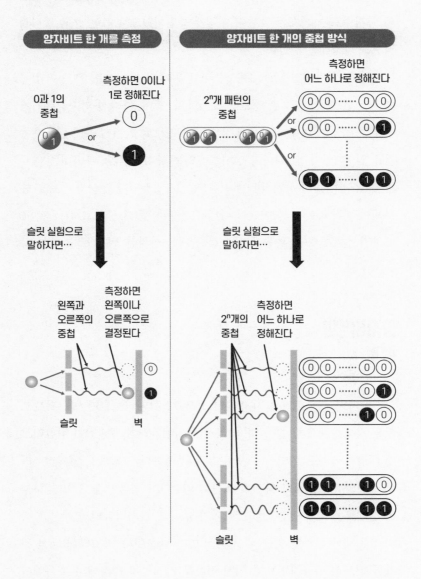

어느 한쪽으로 정해지는 성질이 있다. 그렇게 되면 측정하기 전에 어떤 정보가 어떤 상태로 중첩되어 있었는지에 관한 정보가 사라져버리는 것이다.

양자비트의 이런 성질은 2장의 2중 슬릿 실험에서 설명한 양자역학의 원리에 따라 정해진다. 그림 3-10의 왼쪽 그림처럼 전자가 슬릿을 통과한 직후에는 왼쪽과 오른쪽 슬릿을 통과했을 가능성이 중첩되어 있다. 하지만 벽에 부딪혀서 왼쪽과 오른쪽 중 어디에 있는지 확인하면 어느 한쪽의 가능성만 선택되어서 전자는 그쪽에 나타난다. 어느 쪽인가로 결정되는 것은 두 진폭의 비에 따른 확률로 정해진다.

마찬가지로 양자비트를 제어해서 정보를 읽을 때는 원래 중첩 상태에 따른 확률로 0이나 1 중 어느 한쪽으로 결과가 정해진다. 양자비트가 n개 있어서 그림 3-10의 오른쪽 그림처럼 00…00부터 11…11까지 2^n개 패턴의 정보가 중첩되어 있어도 측정해서 읽을 때는 어느 한 패턴만 선택된다. 이처럼 양자컴퓨터는 대량의 패턴 정보를 병렬로 처리할 수 있다는 강점이 있지만, 마지막에 읽을 수 있는 결과는 한 가지 패턴뿐이라는 엄격한 제약이 있다. 양자컴퓨터를 잘 사용하려면 이런 제약을 제대로 이해해서 계산 방법을 고안해야 한다.

양자비트 한 개의 중첩 방식을 바꾸는 양자 논리연산

양자비트의 성질을 이해했다면, 다음으로 양자비트를 사용한 계산 원리를 자세히 살펴보자. 양자비트를 사용한 계산에는 일반적인 컴퓨터용의 논리연산을 양자 버전으로 파워업한 양자 논리연산을 사용한다. 원래 기존의 컴퓨터용 논리연산은 0이나 1로 정해진 비트의 정보를 입력하면 어떤 규칙에 따라 다른 비트로 변환해서 출력하는 것이었다. 양자 논리연산에서는 입력된 정보가 단순한 비트가 아니라 양자비트이므로, 여러 가지 패턴이 중첩된 정보가 입력된다. 이런 중첩 방식을 어떤 규칙에 따라 변환해서 출력하는 것이 양자 논리연산의 작용이다.

우선 입력이 한 개이고 출력도 한 개인 양자 논리연산을 생각해보자. 기존의 비트 논리연산에서 입력이 한 개이고 출력이 한 개인 연산은 0과 1을 반전시키는 NOT 연산이므로 NOT 연산의 양자 버전을 살펴보려 한다. 그림 3-11의 위 그림처럼 양자 NOT은 일반적인 NOT과 마찬가지로 0과 1을 반전시킨다. 하지만 일반적인 NOT과는 달리 0과 1의 중첩인 양자비트에 대해서도 중첩을 유지한 채로 NOT을 실행한다. 양자 NOT에 입력된 양자비트 정보는 그림 3-11의 위 그림처럼 0에 대응하는 파동과 1에 대응하는 파동이 동시에 존재하는 중첩 정보다. 이 정보에 양자 NOT을 실행하면 0이었던 파동은 1로 바뀌고 1이었던 파동은 0으로 바뀐다. 즉 양자 NOT은 0과 1의 파동을 교체해서 원래와 다른 중첩 방식의 양자비트를 만드는 연산인 것이다.

입력이 한 개이고 출력도 한 개인 양자 논리연산은 양자 NOT 외에도 다양하다. 예를 들어 그림 3-11의 왼쪽 아래 그림처럼 0과 1의 중첩에 대해 1의 파동 위상만 어긋나게 하는 연산이 있다(위상 시프트). 또한 그림 3-11의 오른쪽 아래 그림처럼 0과 1의 파동을 각각 더하거나 빼서 새로

그림 3-11 입력 한 개와 출력 한 개인 양자 논리연산

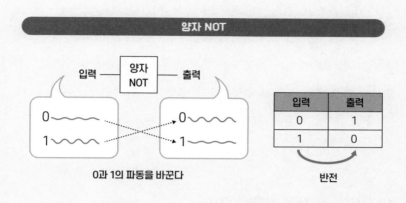

양자 NOT

0과 1의 파동을 바꾼다

입력	출력
0	1
1	0

반전

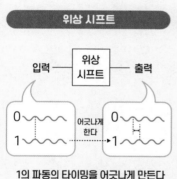

위상 시프트

1의 파동의 타이밍을 어긋나게 만든다

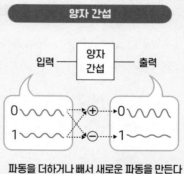

양자 간섭

파동을 더하거나 빼서 새로운 파동을 만든다

운 파동 짝을 합성하는 연산이 있다(양자 간섭). 파동을 더하거나 빼는 것은 서로 간섭시켜서 보강하거나 상쇄하는 것이다. 양자 논리연산이란 이렇게 파동을 교체하거나 타이밍을 어긋나게 하거나 간섭시켜서 양자비트의 중첩 방식을 나타내는 파형을 바꾸도록 조작한다. 그림 3-11에서 소개한 세 종류의 양자 논리연산을 조합하면 양자비트 한 개의 중첩 방식을 자유자재로 변환할 수 있다.

양자비트 두 개를 연계시키는 양자 논리연산

입력이 한 개인 양자 논리연산을 살펴봤으니, 이제 입력이 두 개인 양자 논리연산을 알아보자. 일반적인 비트 논리연산에 관해 설명하면서 입력이 두 개인 연산으로 AND를 살펴보고, NOT과 AND를 조합하여 입력이 두 개인 XOR이라는 연산을 만들 수 있다는 사실도 소개했다(그림 3-4). 여기에서는 XOR의 양자 버전을 살펴보려 한다(AND의 양자 버전에 관해서는 이번 장 끝에 있는 칼럼을 참조하라).

양자 XOR은 그림 3-12처럼 입력이 두 개, 출력이 두 개인 연산이다. 출력 1에서는 입력 1의 양자비트가 그대로 나온다. 한편, 출력 2는 입력 1과 입력 2가 같으면 0, 다르면 1이 출력되므로 일반적인 XOR(그림 3-4)과 같다. 하지만 변환 규칙은 같아도 양자 XOR은 0과 1의 중첩인 양자비트에 대해 중첩을 유지한 채로 실행할 수 있다.

예를 들어 처음에 입력 1이 0과 1의 중첩, 입력 2가 0이었다고 하

그림 3-12 입력 두 개와 출력 두 개인 양자 XOR의 동작

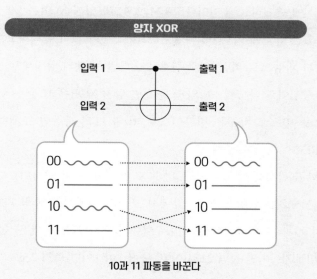

10과 11 파동을 바꾼다

입력 1	입력 2	출력 1	출력 2
0	0	0	0
0	1	0	1
1	0	1	1
1	1	1	0

입력 1과 같음

입력 1과 입력 2의 XOR과 같음

자. 두 입력을 묶어서 보면 00에 대응하는 파동과 10에 대응하는 파동이 동시에 존재하는 중첩이다(그림 3-12의 위 그림). 양자 XOR은 그림 3-12의 표에 있는 규칙에 따라 00 파동은 그대로 변화 없이 출력하고, 10 파동은 11 파동으로 바꾼다. 그 결과로 출력된 두 개의 양자비트는 00과 11의 중첩이 된다. 그림 3-12의 표를 보면 양자 XOR은 10을 11로 바꾸고 11을 10으로 바꾸는 변환이므로, 10과 11의 파동만 교체하는 변환이라고 이해할 수 있다.

한편 관점을 바꿔서 보면, 양자 XOR은 두 개의 양자비트를 연계시키는 중요한 역할을 한다. 앞에서 보여준 예에서는 출력 1과 출력 2에서 00과 11이 중첩된 양자비트 짝이 출력되었다. 이 짝은 출력 1의 양자비트가 0이면 출력 2도 0이고, 출력 1이 1이면 출력 2도 1인 상관관계를 가진다. 양자 XOR은 이렇게 양자비트 사이에 상관관계를 만들어서 양자비트를 연계시키는 역할을 한다. 양자 XOR을 여러 양자비트 사이에서 실행하면, 많은 양자비트 사이에 상관관계를 만들어서 서로 연계시킬 수 있다. 양자컴퓨터는 이런 연계 플레이를 잘 활용하면서 계산을 처리한다. 이런 상관관계는 양자역학 특유의 것으로, '양자 상관(양자 얽힘, quantum entanglement)'이라고 한다.

양자컴퓨터에서는 한 개의 양자비트 연산과 두 개의 양자비트 연산만 있으면 어떤 계산도 실현할 수 있다고 한다. 현대의 컴퓨터가 NOT과 AND 연산의 조합으로 무엇이든 계산할 수 있는 것과 마찬가지다. 많은 양자비트를 사용한 복잡한 계산도 이런 연산을 여러 개 조합하면 실현할 수 있다. 그러므로 양자컴퓨터 계산의 기본 규칙은 이것뿐이다.

양자컴퓨터는 파동을 조종해서
답을 찾는 계산 장치

양자컴퓨터의 계산 규칙을 대략 설명했는데, 결국 양자컴퓨터의 계산과 현대 컴퓨터의 계산은 어떻게 다른 것일까? 이제까지 설명한 것처럼 현대의 컴퓨터는 비트 0과 1로 정보를 표시하고 논리연산으로 비트를 변환하면서 계산을 수행한다. 양자컴퓨터는 양자비트의 중첩 방식으로 정보를 나타내고 양자 논리연산으로 그 중첩 방식을 변화시키면서 계산을 수행한다. 얼핏 보기에는 중첩을 사용해서 계산 원리가 약간 바뀐 것뿐이라고 생각할 수도 있지만, 구체적인 계산을 떠올려보면 계산의 질이 완전히 다르다.

일반적인 컴퓨터는 그림 3-13처럼 NOT이나 AND 논리연산을 조합하여 회로를 만들어 사칙연산을 비롯한 계산을 실행한다. 쉽게 말하자면 이런 회로는 어떤 순서로 비트를 변환하면 답이 나오는지 지시한다. 처음에 입력된 비트의 패턴에서 출발하여 지시에 따라 하나씩 0과 1의 정보를 전환하는데, 그림 3-13의 아래 그림처럼 지시에 따라 순서대로 '그쪽은 빨간 깃발 올리고', '다음에 이쪽이 올린 깃발을 지금과 반대로 하고'라는 식으로 명령해서 지시마다 깃발의 패턴을 바꾸는 상황을 떠올리면 된다. 그리고 일련의 지시가 끝나면 답 패턴이 나타난다. 이 계산에서는 한 패턴의 비트를 입력하면 한 가지 패턴의 계산이 실행되어 답을 얻을 수 있다. 당연히 다른 패턴의 계산을 하려면 입력을 바꿔서 새로 계산을 실행해야 한다.

한편, 양자컴퓨터에서는 그림 3-14처럼 양자 논리연산을 조합한 회

그림 3-13 일반적인 컴퓨터의 계산 이미지

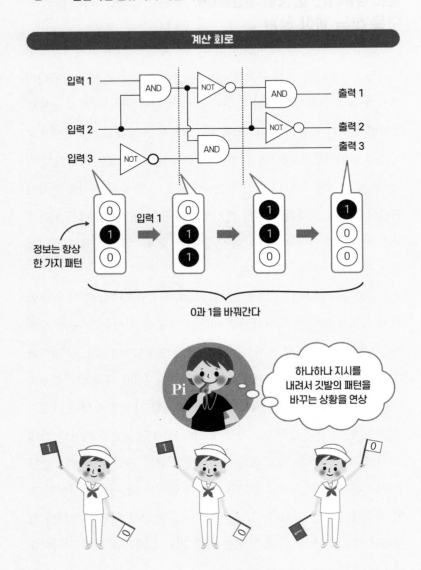

그림 3-14 양자컴퓨터의 계산 이미지

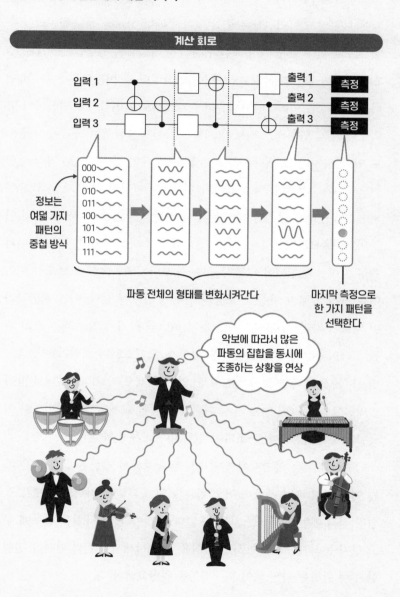

로로 계산을 실행하고 마지막으로 양자비트를 측정해서 계산 결과를 읽어낸다. 양자 논리연산은 중첩된 여러 패턴 정보를 동시에 처리할 수 있으므로 이 회로는 여러 패턴의 계산을 병행해서 진행할 수 있다. 그림 3-13의 일반적인 컴퓨터 회로에서는 연산마다 각 비트의 0과 1이 바뀐다. 그래서 그림 3-14의 양자컴퓨터 회로에서도 마찬가지로 연산마다 입력 1~3의 각 양자비트 정보가 개별적으로 전환될 뿐이라고 생각할 수도 있다. 하지만 그 생각은 잘못되었다. 세 개의 양자비트는 각각 개별적으로 0과 1의 중첩 정보를 나타내는 것이 아니라 세 개가 한 묶음이되어 000~111의 중첩을 나타낸다. 더 정확하게 표현하자면 세 개의 양자비트가 나타내는 것은 '여덟 가지 패턴의 파동이 어떤 진폭의 비와 위상 차이로 중첩되어 있는지' 하는 정보다. 그림 3-14의 회로도는 이런 여덟 가지 패턴의 파동을 조종하기 위한 악보와 같다. 이는 지휘자가이 악보에 따라 지휘하면 여덟 가지 패턴의 악기가 연주하는 소리 파동의 타이밍과 강약을 조절할 수 있어서, 오케스트라 전체가 연주하는 멜로디를 조종하는 것에 비유할 수 있다. 실제로 악보(회로도)대로 양자 논리연산을 해가면 여덟 가지 패턴의 파동이 교체되거나 타이밍이 어긋나거나 간섭하거나 해서 파동 전체의 형태가 변한다.

주의할 점은 마지막에 양자비트를 측정해서 계산한 답을 읽을 때는 여덟 가지 패턴 가운데 어느 한 패턴의 결과만 골라야만 하므로 중첩된 전체 패턴의 정보는 읽을 수 없다는 것이다. 이 사실을 염두에 두고 양자 논리연산을 조합하는 방식을 잘 고려해서 일련의 연산을 실행한 후에 원하는 답만 읽어내는 파형을 완성해야 한다.

이렇게 양자컴퓨터는 단순한 병렬계산 장치가 아니라 많은 파동을 조종해서 답을 끌어내는 '파동을 사용한 계산 장치'라고 보아야 한다. 양자컴퓨터라는 것은 현대의 컴퓨터에 양자의 성질을 더한 것뿐이라고 받아들이기 쉽지만, 실제로 다루는 정보나 실행하는 계산의 질은 완전히 다르다. 이 책에서는 다루지 않지만, 양자컴퓨터에서 파동 집합의 형태를 바꾸면서 계산하는 것은 대학에서 배우는 행렬을 사용해서 표현할 수 있다. 본격적으로 공부하고 싶다면 이 책을 읽은 후에 더 전문적으로 설명한 수학 서적에 도전해보자.

병렬계산만으로는 계산이 빨라지지 않는다

지금까지 살펴본 것과 같이, 한 가지 패턴만 계산할 수 있는 일반적인 컴퓨터와 달리 양자컴퓨터는 많은 패턴의 정보를 파동으로 병렬 처리하여 계산할 수 있다. 하지만 무턱대고 병렬계산을 한다고 해서 계산이 빨라지지는 않는다.

덧셈을 예로 들어 설명해보자. 일반적인 컴퓨터에서 덧셈 회로를 만들 수 있듯이 양자컴퓨터에서도 양자 덧셈 회로를 만들 수 있다(자세한 내용은 칼럼 2-1을 참조하라). 이는 그림3-15에서 볼 수 있다. 일반적인 컴퓨터가 비트와 비트의 덧셈을 할 때는 한 번에 0+0, 0+1, 1+0, 1+1이라는 네 가지 패턴 가운데 하나만 실행할 수 있다. 하지만 양자 덧셈 회로에서는 이 네 가지 패턴의 덧셈을 중첩하여 동시에 처리할 수 있다.

네 가지 패턴의 계산을 동시에 할 수 있다면 한 번에 한 가지 패

그림 3-15 일반적인 컴퓨터와 양자컴퓨터의 덧셈을 비교

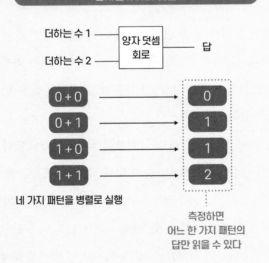

턴만 계산할 수 있는 일반적인 컴퓨터에 비해 양자컴퓨터의 덧셈이 네 배 빠른 것처럼 보일 수도 있다. 하지만 실제로는 그렇지 않다. 그 이유는 중첩해서 계산한 모든 계산 결과를 꺼낼 방법이 없기 때문이다. 이미 설명한 바와 같이, 양자비트는 측정하면 중첩이 깨져서 어느 하나로 결정되는 성질이 있다. 아무 생각 없이 마지막에 계산 결과를 측정하면 네 가지 패턴 계산 가운데 어느 한 결과만 무작위로 골라낸다. 그럴 바에는 일반적인 컴퓨터로 덧셈하는 편이 나을 것이다.

양자컴퓨터가 중첩해서 병렬로 계산할 수 있는 것은 현대의 컴퓨터와 결정적으로 다른 점이다. 하지만 병렬계산한 결과 전체를 얻을 수는 없고 마지막에 얻을 수 있는 결과는 하나뿐이라서 병렬계산만으로는 계산이 빨라지지 않는다. 병렬계산 결과를 잘 이용하려면 파동 집합을 조종해서 계산할 때 파동과 파동의 간섭을 잘 이용해야 한다. 중첩과 간섭을 잘 활용해야만 비로소 양자컴퓨터가 진짜 능력을 발휘해서 계산이 빨라지는 것이다.

지금까지 현대의 컴퓨터와 양자컴퓨터를 비교하면서 계산 원리의 차이를 살펴보았다. 양자컴퓨터의 계산 원리를 간단하게 설명하기 위해 '중첩해서 병렬계산하는 컴퓨터'라고만 설명하는 경우를 많이 본다. 하지만 이번 장에서는 좀 더 깊은 원리를 설명하고, 양자컴퓨터는 '파동을 사용한 계산 장치'라고 설명했다. 많은 파동을 조종해서 계산하는 이미지를 떠올릴 수 있다면 양자컴퓨터의 본질을 이해했다고 해도 과언이 아니다. 그 이미지를 바탕으로, 다음 장에서는 어떻게 조종하면 계산이 빨라지는지 살펴보자.

일반적인 컴퓨터와
양자컴퓨터의 덧셈 회로

그림 3-15에서 등장한 일반적인 컴퓨터와 양자컴퓨터의 덧셈 회로에 흥미를 느꼈다면, 그 내용을 좀 더 자세하게 알아보자. 먼저 일반적인 컴퓨터의 AND 연산의 양자 버전을 그린 그림 3-16을 살펴보자. 이 연산에서는 출력 1에 입력 1이 그대로 나오고, 출력 2에는 입력 2가 그대로 나온다. 출력 3에서는 입력 1과 입력 2가 모두 1이면 1, 그렇지 않으면 0이 출력되므로 AND 연산의 출력과 같아진다. 그런데 양자 AND는 이 변환을 중첩한 정보 전체를 병렬로 처리할 수 있다.

그다음으로 일반적인 컴퓨터와 양자컴퓨터의 덧셈 회로의 정체를 그림 3-17에서 확인해보자. 이 그림처럼 덧셈 회로는 일반적인 컴퓨터라면 AND와 XOR로 구현하고, 양자컴퓨터라면 양자 AND와 양자 XOR로 만들 수 있다. 이 회로에서는 더하고 싶은 두 비트 또는 양자비트가 더하는 수 1과 2에 들어간다. 이 덧셈의 답은 두 자리 2진수로 표현되며 아랫자리와 윗자리의 값이 따로 출력된다. 이 회로가 덧셈을 처리할 수 있다는 사실은 실행해서 얻는 네 가지 패턴의 덧셈, 즉 0+0, 0+1, 1+0, 1+1을 전부 확인하면 알 수 있다. 이 덧셈의 답은 10진수로 0, 1, 1, 2다. 이것을 두 자리 2진수로 표현하면 00, 01, 01, 10이 된다. 연습

그림 3-16 **양자 AND의 동작**

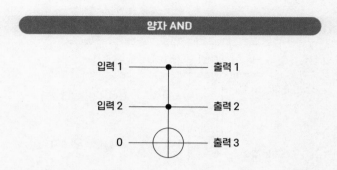

0	0	0	0	0
0	1	0	1	0
1	0	1	0	0
1	1	1	1	1

입력 1과 같음 입력 1과 입력 2의 AND와 같음

입력 2와 같음

그림 3-17 덧셈 회로 구성

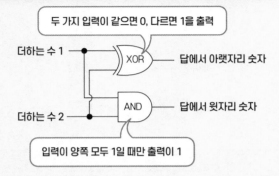

일반적인 컴퓨터의 덧셈 회로

두 가지 입력이 같으면 0, 다르면 1을 출력

더하는 수 1 ── XOR ── 답에서 아랫자리 숫자

더하는 수 2 ── AND ── 답에서 윗자리 숫자

입력이 양쪽 모두 1일 때만 출력이 1

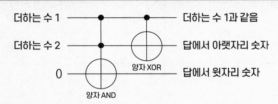

양자컴퓨터의 덧셈 회로

더하는 수 1 ──────── 더하는 수 1과 같음

더하는 수 2 ──────── 답에서 아랫자리 숫자

0 ──── 양자 XOR ── 답에서 윗자리 숫자

양자 AND

0+0	0	0	0	0
0+1	0	1	0	1
1+0	1	0	0	1
1+1	1	1	1	0

- 10진수로 0
- 10진수로 1
- 10진수로 1
- 10진수로 2

연습문제로 위 회로의 출력이
이런 결과가 되는지 확인해보자

문제로 그림 3-17의 회로도에서 이 네 가지 패턴의 덧셈이 제대로 계산되는지 확인해보면 좋을 것이다.

일반적인 컴퓨터의 덧셈 회로에서는 더하는 수 1과 2에 0이나 1이 입력되면, 0+0, 0+1, 1+0, 1+1의 네 가지 패턴 가운데 한 가지를 계산한다. 한편 양자컴퓨터의 덧셈 회로에서는 더하는 수 1과 2가 0과 1의 중첩이라면 0+0, 0+1, 1+0, 1+1이라는 네 가지 패턴의 덧셈을 중첩하면서 동시에 실행한다. 그 결과 네 가지 패턴의 덧셈 답이 중첩되어 출력되고, 마지막으로 측정하면 그 가운데 어느 한 패턴의 답을 얻을 수 있다. 덧셈 회로의 예와 마찬가지로 양자컴퓨터에서는 계산 과정에서 여러 패턴을 중첩해서 병렬로 계산하는 것이 가능하다.

| 칼럼 2-2 |

양자컴퓨터는
거슬러갈 수 있는 컴퓨터

지금까지 일반적인 비트 논리연산과 양자비트 논리연산의 예를 몇 가지 소개했다. 그런데 이것들을 비교해보면 입력이나 출력 개수가 다른 것을 알아챌 것이다. 예를 들어 XOR은 입력 두 개와 출력 한 개인데, 양자 XOR은 입력과 출력이 모두 두 개씩이다. AND는 입력이 두 개이고 출력이 하나이지만, 양자 AND는 입력과 출력이 모두 세 개씩이다. 이런 차이는 왜 생길까? 이는 양자컴퓨터의 계산이 '출력에서 입력으로 거꾸로 갈 수 있다'는 사실과 관계가 있다.

기존 컴퓨터의 논리연산은 반대 방향으로 거슬러갈 수 없는 경우가 있다. 즉 출력이 주어져도 입력이 한 가지로 정해지지 않는 경우가 있는 것이다. 예를 들어 그림 3-18의 왼쪽 그림에서 XOR의 출력이 0이라고 하자. 출력이 0이 되는 경우는 두 입력이 00과 11인 두 가지를 생각할 수 있지만, 어느 쪽이 원래 입력이었는지를 판단할 수는 없다. 다시 말해 XOR은 출력에서 입력으로 거슬러갈 수 없다. 이것은 AND도 마찬가지다. 거슬러 갈 수 없는 이유는 입력과 출력의 개수를 보면 명확하게 알 수 있다. XOR이나 AND 연산에는 입력에 두 개의 비트가 있는데 출력에는 한 개밖에 없다. 입력에서 출력으로 가면서 비트 개수가 줄어든다는 말은 비트 정보의 일부를 잃는다는 것을 의미한다. 잃어버린 비트 정보를 되찾지 않는 한, 출력 비트 정보만으로 입력 비트 정보를 결정하는 것은 원리적으로 불가능하다.

현대의 스마트폰이나 노트북 컴퓨터 등은 계속 사용하면 뜨거워지는데, 그 이유 가운데 하나는 논리연산을 실행할 때마다 정보를 잃기 때문이다. 물리학에는 '정보를 잃으면 반드시 열이 발생한다'는 법칙(란다우어의 원리)이 있다. XOR이나 AND 등의 논리연산을 사용해서 계산하면 아무리 잘 궁리해서 컴퓨터를 만들어도 열 발생을 피할 수 없다는 말이다. 열이 발생한다는 것은 그만큼 전력을 소비한다는 뜻이다. 현대의 컴퓨터는 성능이 향상될수록 발열량과 소비 전력이 증가하는 것이 큰 문제다. 연구소 등에 설치된 슈퍼컴퓨터는 일반 가정 1만

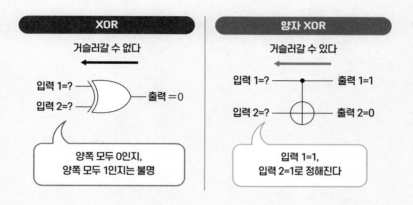

그림 3-18 논리연산(XOR)은 거꾸로 거슬러갈 수 없지만, 양자 논리연산 (양자 XOR)은 거슬러갈 수 있다

세대가 소비하는 전력을 사용하고 있다.

반면에 양자컴퓨터는 정보를 잃지 않으므로 반대 방향으로 거슬러 갈 수 있다. 양자 논리연산, 즉 양자 XOR이나 양자 AND에서는 정보를 잃지 않기 위해 입력과 출력 개수를 늘려서 입력과 출력의 개수가 같다. 예를 들어 그림 3-18의 오른쪽 그림처럼 양자 XOR에서는 출력 1과 2가 0과 1의 조합으로 주어진다면, 반드시 입력 1과 2가 0이나 1 중 어느 한 가지로 정해진다. 이것은 입력 패턴이 달라지면 반드시 다른 출력 패턴이 나오는 변환 규칙 때문이다. 이렇게 반대 방향으로 거슬러 갈 수 있는 컴퓨터는 원리적으로는 열 발생이 한없이 제로에 가까워지므로 소비 전력이 작아진다. 그러므로 양자컴퓨터는 계산 성능이 높은 것뿐 아니라 저소비전력 친환경 컴퓨터가 될 가능성도 있다.

| 3장 요약 |

● 현대의 컴퓨터는 비트로 정보를 나타내고, NOT과 AND 등의 논리연산을 조합해서 계산을 처리한다. 한편, 양자컴퓨터는 양자비트로 정보를 나타내고 양자 논리연산을 조합해서 계산을 처리한다.

- -

● 양자비트가 n개 있으면 2^n가지의 패턴 정보를 중첩해서 동시에 가질 수 있다. 이때, 단순히 중첩할 뿐만 아니라 2^n가지 패턴의 중첩 방식에 따라 정보를 표현한다.

- -

● 양자컴퓨터는 양자 논리연산을 사용해서 중첩 방식을 나타내는 많은 파동을 교체하거나, 타이밍을 어긋하게 하거나, 간섭시켜서 답을 끌어내는, 파동을 사용한 계산 장치다.

- -

● 양자컴퓨터는 중첩한 많은 패턴을 병렬로 계산할 수 있지만 마지막으로 얻을 수 있는 계산 결과는 하나이므로 병렬계산만으로는 계산이 빨라지지 않는다. 중첩만이 아니라 파동의 간섭을 잘 활용하는 것이 중요하다.

- -

4장
. . . . . .

양자컴퓨터의
계산이 빠른 진짜 이유

양자컴퓨터의
계산 속도에 관한 오해

3장에서 양자컴퓨터의 기본적인 계산 규칙을 살펴봤으니, 이번 장에서는 양자컴퓨터의 핵심에 있는 의문에 대해 생각해보자. 양자컴퓨터는 왜 현대의 일반적인 컴퓨터보다 계산이 빠를까?

양자컴퓨터에 관해 인터넷이나 잡지에서 소개하는 일반적인 글을 보면 양자컴퓨터가 계산이 빠르다는 점을 강조한다. "양자컴퓨터는 슈퍼컴퓨터보다 1억 배 빠르다"와 같은 표현도 있었다. 이는 양자컴퓨터로 어떠한 계산을 하더라도 1억 배 빠르다는 오해를 일으킬 수 있다. 실제로 빠르게 할 수 있는 계산 종류는 제한되어 있고, 몇 배나 빨라질지는 상황에 따라 달라진다. 또 "n개의 양자비트가 있으면 2^n가지의 정보를 중첩해서 한 번에 처리할 수 있으므로 계산이 빨라진다"라고 설명한 글도 있었다. 이것은 빠른 계산이 중첩만으로 가능하다는 오해를 불러일으키는 동시에 계산이 2^n배 빨라지는 것 같은 인상을 준다.

그러나 이는 잘못 이해하는 것이다. 이런 오해 때문에 양자컴퓨터에 대해 과도하게 기대하는 것 같다.

양자컴퓨터를 올바르게 인식하게 하는 것이 이 책의 목적 가운데 하나다. 이번 장에서 "계산이 빠르다거나 느리다는 것은 무엇을 의미하는가?", "양자컴퓨터는 어떤 원리로 계산이 빨라지는가?", "구체적으로 어떤 계산을 빨리하는가?"와 같은 의문에 대해 하나씩 답하려 한다. 그 내용을 이해할 수 있다면 양자컴퓨터에 관한 선동적인 뉴스에 더는 현혹되지 않을 것이다.

컴퓨터가
잘 처리하지 못하는 문제

현대의 컴퓨터 성능은 매우 높아서 일상생활에서 하는 계산은 거의 순식간에 답이 나온다. 기업이나 연구 기관에서는 고도의 계산을 하기 위해 슈퍼컴퓨터라는 대형 컴퓨터를 사용한다. 기상청에서 슈퍼컴퓨터가 대기의 흐름을 계산한 결과를 가지고 일기예보를 하는 것이 대표적인 사례다. 슈퍼컴퓨터는 일반적인 컴퓨터의 천 배에서 몇 만 배 이상의 계산 성능을 가진다. 하지만 세상에는 슈퍼컴퓨터로도 답을 구하기 어려운 문제가 쌓여 있다. 양자컴퓨터는 그런 문제를 풀어주는 구세주가 될 가능성이 있다.

구세주라고 해도 현대의 컴퓨터가 풀 수 없는 문제는 양자컴퓨터로도 풀지 못한다. 가령 '인생의 의미는?'이라는 문제는 현대의 컴퓨터는 물론이고 양자컴퓨터도 답을 낼 수 없다. 의외라고 생각할 수도 있지만, 양자컴퓨터든 일반적인 컴퓨터든 풀 수 있는 문제의 범위는 같다. 대규모 슈퍼컴퓨터를 충분히 오랫동안 사용해도 된다면 양자컴퓨터의 동작을 일반적인 컴퓨터로도 흉내 낼 수 있기 때문이다. 다시 말해 원리적으로 양자컴퓨터가 풀 수 있는 문제는 돈과 시간만 있다면 일반적인 컴퓨터로도 풀 수 있다는 것이다.

하지만 '원리적으로 풀 수 있다'라는 것과 '현실적으로 풀 수 있다'는 것은 다른 문제다. 현실적으로 풀 수 있다는 말은 현실적인 크기의 컴퓨터를 사용해서 현실적인 시간 동안 문제를 풀 수 있다는 뜻이다. 문제를 푸는 순서를 안다고 해도 그 과정에서 지구상의 모든 컴퓨터를 총동원해도 전부 기록할 수 없을 정도의 데이터를 기억해야 한다거나 계산을 마치는 데 1억 년이 걸린다면, 현실적으로는 풀 수 없다는 것과 같은 의미다.

문제가 커지면 푸는 데 필요한 계산 시간이 폭발적으로 늘어나는 사례도 있다. 그런 문제는 풀기 어려운 문제로 분류된다. 현대의 컴퓨터로 풀기 어려운 문제의 대표적인 예가 여러 패턴 가운데서 최적인 것을 골라내는 '조합 최적화 문제'다. 앞에서도 설명했지만, 이런 문제는 주변에 넘칠 만큼 많다. 그림 4-1처럼 영업사원이 여러 도시에 있는 고객을 한 번씩 방문한 후 원래 도시로 돌아오고 싶다고 하자. 어떤 순서로 각 도시를 돌아야 최단 경로일까? 이 문제는 순회 세일즈맨 문제라고 불리는 조합 최적화 문제다. 도시가 A, B, C의 세 군데라면, 처음 방문하는 도시는 세 곳 중 하나, 두 번째로 방문하는 도시는 나머지 두 곳 중 하나, 세 번째로 방문하는 도시는 마지막까지 남아 있는 한 곳이므

그림 4-1 순회 세일즈맨 문제

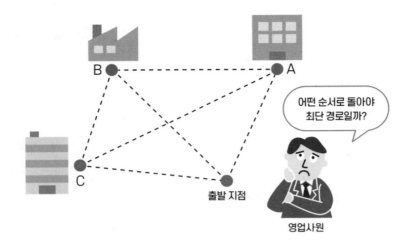

로 경로의 총수는 3×2×1=6가지가 된다. 이 모든 패턴의 경로 길이를 계산해서 비교하면 어떤 경로가 최단 경로인지 알 수 있다.

하지만 이 문제에서 도시 수가 늘어나면 경로 수는 폭발적으로 증가한다. 도시가 n개라면, 경로는 n×(n-1)×…×2×1가지가 된다. n=10이면 약 363만 가지, n=20이면 약 243경 가지, n=30이면 앞의 경로 수의 100조 배나 되는 경로가 가능하다. n=30의 경우, 1초에 1경 회 (10^16회)나 계산할 수 있는 슈퍼컴퓨터 '케이'라도 모든 패턴을 하나씩 조사하는 데 1억 년 이상 걸린다. 이는 문제의 규모(여기에서는 도시 수)가 커지면 계산 시간이 폭발적으로 증가하는 사례가 된다.

조합 최적화 문제는 모두 이런 성질이 있다. 닥치는 대로 패턴을 조사하면 답은 틀림없이 찾을 수 있을 테니 원리적으로는 반드시 풀 수 있다. 하지만 그 패턴 수가 문제 규모에 따라 폭발적으로 증가하기 때문에 어느 정도 이상의 규모가 되면 현실적으로는 풀 수 없는 문제가 된다.

　또한 정수를 소수의 곱으로 표현하는 소인수분해도 현대의 컴퓨터로 풀기 어려운 문제 가운데 하나다. 두 자리 정도의 정수라면 암산으로도 15＝3×5라고 간단히 풀 수 있다. 자릿수가 큰 숫자의 소인수분해도 작은 숫자부터 차례로 나눠가면 원리적으로는 풀 수 있을 것이다. 하지만 실제로는 자릿수가 하나 증가할 때마다 계산에 필요한 횟수가 현격히 증가한다. 숫자가 수백 자리까지 커지면 현대의 컴퓨터로 풀기 위해서는 수천 년 혹은 수만 년이라는 방대한 시간이 걸린다. 이것도 문제의 규모(자릿수)가 증가하면 계산 시간이 폭발적으로 증가하는 사례다.

　참고로 현대의 컴퓨터로 소인수분해를 효율적으로 푸는 방법은 아직 발견되지 않았을 뿐이라서 앞으로 누군가가 발견할 가능성이 없는 것은 아니다. 그러므로 정확하게 표현하자면, 소인수분해는 '지금은' 풀기 어려운 문제라고 할 수 있다. 그러나 지금까지의 긴 역사를 통해 전 세계의 수학자들이 도전했지만 아무도 좋은 해법을 찾아내지 못했으므로 그렇게 간단히 찾을 수 있을 것 같지는 않다.

양자컴퓨터가 현대의 컴퓨터보다 '빠르다'는 것은 어떤 의미?

　현대의 슈퍼컴퓨터로도 풀기 어려운 문제가 산적해 있음을 이해했으리라 생각한다. 이런 문제를 푸는 것은 포기해야 할까? 아니다. 포기하기에는 아직 이르다. 양자컴퓨터가 그런 문제 중에서 일부를 더 빨리 풀 수 있다고 알려져 있기 때문이다. '빨라봤자 얼마나 빠를까?'라고 생각할 수도 있다. 여기서 '빠르다'는 것은 실제 계산에 걸리는 시간을 어림해서 비교하는 것이 아님을 미리 말해두고 싶다. 계산에 걸리는 시간은 '계산 1회에 걸리는 시간'과 '계산 횟수'의 곱으로 표현할 수 있다(그림 4-2). 하지만 애초에 실용적인 수준의 양자컴퓨터가 실현되지 못한 상태라서 계산 1회에 걸리는 시간을 알 수는 없다. 그래서 계산 속도는 계산 횟수만으로 비교한다. 양자컴퓨터가 빠르다는 것은 같은 문제를 풀기 위한 계산 횟수가 줄어든다는 의미다. 현대의 컴퓨터가 흉내 낼 수 없는 양자컴퓨터 특유의 똑똑한 풀이법을 사용해서 계산 횟수를 극적으로 줄일 수 있는 문제가 있다.

　이렇게 설명하면 '계산 횟수를 아무리 줄여도 양자컴퓨터가 1회 계산하는 데 걸리는 시간이 길다면, 결국 현대의 컴퓨터가 계산하는 시간이 더 짧아지는 경우도 있지 않을까?'라고 생각할 수도 있다. 맞는 말이다. 하지만 여기서 중요한 것은 계산 횟수와 문제 규모의 관계다. 문제의 규모란, 영업사원이 도는 도시의 숫자와 소인수분해하고 싶은 숫자의 자릿수 같은 것이다. 그림 4-2처럼 현대의 컴퓨터든 양자컴퓨터든, 문제의 규모가 커질수록 필요한 계산 횟수는 당연히 늘어난다. 그렇지만 양자컴퓨터 특유의 해법을 사용하면 계산 횟수가 증가하는 속도가 완만해지는 사례가 있다. 이런 경우에는 문제의 규모가 커질수록 계산 횟수에서 차이가 벌어진다. 그 결과 양자컴퓨터가 1회 계산하는 데 걸리는 시간이 현대의 컴퓨터보다 길어도, 문제의 규모가 어느

그림 4-2 일반적인 컴퓨터와 양자컴퓨터의 계산 비교

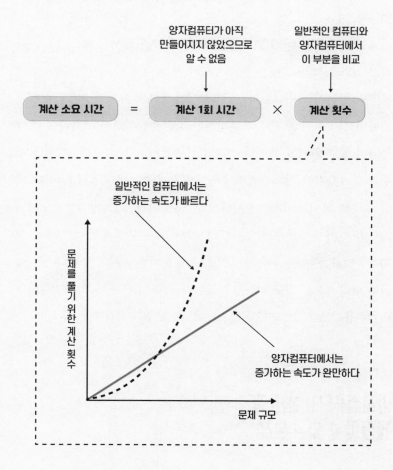

양자컴퓨터가 아직
만들어지지 않았으므로
알 수 없음

일반적인 컴퓨터와
양자컴퓨터에서
이 부분을 비교

계산 소요 시간 = 계산 1회 시간 × 계산 횟수

일반적인 컴퓨터에서는
증가하는 속도가 빠르다

문제를 풀기 위한 계산 횟수

양자컴퓨터에서는
증가하는 속도가 완만하다

문제 규모

수준 이상이 되면 양자컴퓨터로 계산하는 데 걸리는 시간이 짧아지는 것이다.

어떤 문제를 풀 때 현대의 컴퓨터와 양자컴퓨터의 빠르기를 비교하고 싶다고 하자. 그때는 문제 규모가 커질 때 계산 횟수는 어떤 속도로 증가하는지를 비교한다. 예컨대 어떤 문제의 규모가 n이고 현대의 컴퓨터로는 계산 횟수가 2^n회이지만 양자컴퓨터로는 n^2회라고 하자. 문제의 규모가 커질 때마다 현대의 컴퓨터는 두 배의 속도로 계산 횟수가 증가하지만, 양자컴퓨터에서는 천천히 증가한다. n=10이라면 계산 횟수의 차이는 10배 정도 나지만, n=30이라면 100만 배 정도까지 차이가 벌어져서 n이 커질수록 양자컴퓨터가 우위에 선다. 이렇게 양자컴퓨터가 현대의 컴퓨터보다 몇 배 빠른지는 문제의 종류나 규모에 따라 달라진다는 것을 이해했을 것이다. 따라서 간단히 '양자컴퓨터는 슈퍼컴퓨터보다 ○배 빠르다'라고 말할 수 없다.

양자컴퓨터가 빠르게 계산할 수 있는 문제

양자컴퓨터가 어려운 문제를 풀어줄 구세주가 되길 기대하고 싶지만, 한 가지 주의할 점이 있다. 양자컴퓨터가 모든 문제를 빨리 풀 수 있는 것은 아니라는 사실이다. 게다가 양자컴퓨터로 계산 횟수를 줄일 수 있는 문제가 어떤 종류의 문제인지에 관한 일반론조차 아직 밝혀지지 않았다. 지금까지 연구자들이 쉬지 않고 노력해서 양자컴퓨터로 빨리 풀 수 있는 문제를 우연히 몇 가지 찾아냈을 뿐이다. 그 밖에 대부분의 문제에서는 '양자'의 성질을 살리는 방법을 알지 못하므로 현대의 컴퓨터와 양자컴퓨터의 계산 횟수는 차이가 없다. 그런 문제는 굳이 양자컴퓨터로 풀지 않고 현대의 컴퓨터로 풀어도 충분하다. 그러므로 양자컴퓨터는 일상적으로 사용하는 컴퓨터보다는 전문적이고 제한된 용도에서만 사용하는 슈퍼컴퓨터 같은 것이다. 더욱이 양자컴퓨터로도 풀기 어려운 문제는 산적해 있다. 그러므로 양자컴퓨터는 많은 사람이 기대하는 것처럼 만능 컴퓨터는 아니다.

그렇다고는 해도 양자컴퓨터로 고속화할 수 있는 계산 중에는 다양한 분야에서 큰 도움을 주는 계산이 여럿 있다. 실용적인 수준의 양자컴퓨터가 실현된다면 세상을 크게 바꿀 것이다. 양자컴퓨터를 사용한 효율적인 문제 해법을 알아내기 위해 지금도 전 세계에서 많은 연구가 진행되고 있으며 계속해서 새로운 해법을 찾아내고 있다. 아직 발견되지 않았을 뿐, 양자컴퓨터의 유익한 용도는 더 많을 것이다.

지금까지 발견한 양자컴퓨터로 빨리 해낼 수 있는 계산을 대강 분류하면 60가지 정도다. '양자 알고리즘 동물원Quantum Algorithm Zoo'이라는 인터넷 홈페이지에 정리되어 있으니, 관심 있는 독자들은 검색해보기를 바란다. 그중에서 가장 유명한 '그로버 해법'과 '양자 화학 계산'에 초점을 맞춰서 왜 양자컴퓨터의 계산이 빠른지 알아보자. 그리고 후반부에서는 다른 예도 몇 가지 간단하게 소개하겠다.

양자컴퓨터가 할 수 있는 빠른 계산 1
그로버 해법

양자컴퓨터를 사용할 때 고속화할 수 있는 계산 방법 중 하나로, 여러 가지 후보 가운데서 어떤 조건을 만족하는 것만 효율적으로 찾아내는 방법이 있다. 아이디어를 낸 사람의 이름을 따서 이를 '그로버 해법'이라 부른다. 이것은 1994년에 쇼어가 고안한 소인수분해 해법과 함께 양자컴퓨터를 사용한 가장 유명한 해법 가운데 하나다.

구체적으로 문제를 살펴보자. 은행의 ATM에서 돈을 찾으려면 네 자리 비밀번호를 입력해야 한다. 비밀번호를 잊어버렸을 때는 무작위로 한 가지 패턴의 숫자를 입력해서 확인하면 ATM이 맞았는지 틀렸는지 판정한다(그림 4-3의 위 그림). 숫자 후보는 0000부터 9999까지 1만 개가 존재한다. 첫 번째 숫자를 확인해서 운 좋게 맞는 일도 있겠지만, 1만 번째에 겨우 맞는 일도 있다. 평균을 내보면 약 5,000번은 확인 절차가 필요할 것이다. 일반적으로는 숫자가 N개 있다면 평균적인 확인 횟수는 약 N/2회가 된다. 일반적인 컴퓨터로 이 문제를 푼다면, 아쉽게도 이것보다 효율적인 방법은 없다. 그렇다고 5,000번이나 확인하는 작업을 할 수도 없다.

이 문제를 양자컴퓨터에서 그로버 해법으로 풀면 더 효율적으로 비밀번호를 찾아낼 수 있다. 이때 필요한 확인 횟수는 약 $\sqrt{N}$회가 된다. 네 자리 비밀번호라면 숫자 후보 N=10,000개이므로, 평균 확인 횟수는 $\sqrt{N}$=100회가 된다. 통상적인 방법으로는 평균 5,000회를 확인해야 했는데, 50분의 1의 수고를 들여 정답을 찾아낼 수 있는 것이다. 100회

정도라면 해볼 만할 것이다. N이 커질수록 확인 횟수의 차이는 벌어지므로 양자컴퓨터가 단연 유리해진다.

그렇다면 그로버 해법이 어떤 메커니즘으로 계산 절차를 줄였는지 알아보자. 그림 4-3의 가운데 그림을 보면 이미지를 연상할 수 있을 것이다. 3장에서 설명한 것처럼, 양자컴퓨터는 양자비트를 사용해서 복수의 패턴 정보를 중첩해서 동시에 나타낼 수 있다. 그래서 0000부터 9999까지 1만 가지의 모든 패턴을 중첩하고 ATM이라는 비밀번호 확인 장치를 양자 버전으로 바꾼다. 이 기계는 한 가지 패턴만을 확인할 수 있는 기존의 ATM과 달리, 복수의 패턴을 중첩하면서 확인할 수 있는 양자 확인 장치다. 이 기계는 3장에서 다룬 양자 NOT과 양자 AND 등의 양자 논리연산을 사용해서 처리하므로 중첩해서 입력하는 각 패턴이 맞았는지 틀렸는지 병렬로 판정해서 그 결과를 중첩한 채 출력할 수 있다.

1만 가지의 패턴을 중첩해서 동시에 확인하면 양자 확인 기계는 그 가운데 한 가지는 맞고 나머지 9,999가지 패턴은 틀렸다고 판정한다. 하지만 1만 가지의 패턴은 여전히 중첩된 상태이므로 어느 패턴이 맞았는지 구별할 수 없다. 그래서 1만 가지 패턴을 간섭시키면서 양자 확인 기계로 다시 확인하는 작업을 반복한다(그림 4-3의 가운데 그림). 그러면 중첩을 유지한 채로 바른 패턴은 보강되어 가능성이 커지고, 틀린 패턴은 상쇄되어 가능성이 작아진다. 100번 정도 반복하면 최종적으로 올바른 패턴만이 살아남아 맞는 비밀번호만을 읽어낼 수 있다.

2장에서 소개한 다중 슬릿 실험은 그로버 해법의 원리를 간략하게 예로 든 것이다. 다중 슬릿 실험(그림 4-3의 아래 그림)은 여러 슬릿 가운데

그림 4-3 일반적인 컴퓨터의 해법과 그로버 해법의 비교

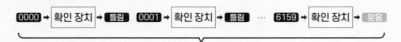

일반적인 컴퓨터의 해법

0000 → 확인 장치 → 틀림 0001 → 확인 장치 → 틀림 … 6159 → 확인 장치 → 맞음

평균 약 5,000번을 확인하는 과정이 필요

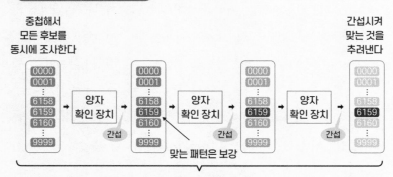

양자컴퓨터의 그로버 해법

중첩해서
모든 후보를
동시에 조사한다

간섭시켜
맞는 것을
추려낸다

맞는 패턴은 보강

약 100번을 확인하면 OK

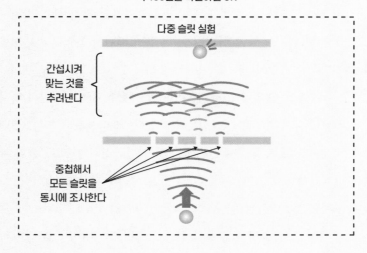

다중 슬릿 실험

간섭시켜
맞는 것을
추려낸다

중첩해서
모든 슬릿을
동시에 조사한다

하나뿐인 딱 맞는 슬릿을 발견하는 문제였다. 전자 하나가 파동으로서 모든 슬릿을 동시에 통과해서 딱 맞는지 조사할 수 있으며, 그 후에 파동을 잘 간섭시켜서 그 슬릿의 위치를 드러낸다고 설명했다. 그로버 해법도 마찬가지로 0000부터 9999까지의 후보를 전부 중첩해서 동시에 조사하고, 그 후에 잘 간섭시켜서 원하는 답만이 드러나게 하는 기술로 계산을 고속화한다.

그로버 해법은 비밀번호를 알아내는 것 말고도 여러 문제를 효율적으로 풀 수 있어서 적용 범위가 넓다. 예를 들어 무작위로 나열된 전화번호 목록 가운데서 인물 데이터 하나를 찾아내고 싶다고 하자. 처음부터 하나씩 조사할 수도 있지만, 그로버 해법을 사용해서 모든 데이터를 동시에 조사하면 효율적으로 원하는 데이터만 찾아낼 수 있다. 즉 그로버 해법은 데이터베이스 안에서 찾고 싶은 데이터만 찾아내는 해법이다.

수학 문제의 경우, 방정식 $f(x)=0$을 풀 때도 그로버 해법을 사용할 수 있다. 이때는 x가 비밀번호 후보이고 $f(x)$가 확인 장치이며, 맞는 x를 대입했을 때만 $f(x)$ 값이 0이 된다고 생각하는 것이다. x에 하나씩 차례로 숫자를 대입해서 $f(x)$가 0이 되는지 조사하는 대신, 그로버 해법을 사용해서 많은 x 후보를 동시에 조사하면 훨씬 효율적으로 계산할 수 있다. 그로버 해법을 약간 응용할 수도 있다. 그로버 해법을 반복적으로 사용해서 방대한 패턴 가운데 더 좋은 패턴을 차례로 찾아내 최종적으로 최적 패턴을 더 빨리 찾아낼 수 있다. 이처럼 그로버 해법은 닥치는 대로 답을 찾을 수밖에 없는 문제에 있어서는 현대의 컴퓨터보다 효율적으로 답을 찾아내는 강력한 해법이다.

그로버 해법의
구체적인 계산 순서

그로버 해법으로 중첩과 간섭을 사용해서 계산하는 방법을 살펴 봤으니, 좀 더 깊이 들어가보자. 3장에서 양자컴퓨터는 파동을 조종해 서 문제를 푸는 장치라고 이야기했다. 그로버 해법에서는 실제로 파동 을 어떻게 조종하는지 들여다보자.

간단한 예로, 비밀번호는 세 개의 비트로 표현되는 000~111의 여 덟 가지 패턴 가운데 하나이고 정답은 101이라고 하자. 일반적인 ATM 과 같은 확인 장치는 한 가지 패턴을 입력해서 확인하면 맞는지 틀린 지 출력할 뿐이다. 한편, 양자 확인 장치는 모든 패턴을 중첩해서 입력 할 수 있기 때문에 각 패턴이 맞는지 틀린지 동시에 판정한다.

양자 확인 장치로 모든 패턴을 동시에 확인해보자. 먼저 그림 4-4의 ①과 같이 000~111의 여덟 가지 패턴의 파동을 전부 같은 크기와 같 은 타이밍으로 중첩한다. 이 정보를 양자 확인 장치에 입력하면 맞는 111의 파동만 마루와 골을 반전시켜서 그림 4-4의 ②처럼 바꿔서 출력 한다. 이것은 원래 중첩한 각 패턴 정보는 그대로 유지한 채 101을 나 타내는 파동에만 맞다는 정보를 추가하는 것이다. 양자 확인 장치가 이렇게 작동하는 이유는 3장의 칼럼 2-2에서 설명한 내용과 관련이 있다. 양자컴퓨터의 계산 처리는 도중에 정보를 잃어버리지 않는 성질 이 있으므로, 입력한 000~111이라는 정보를 전부 유지한 채로 맞는 정보를 더해서 출력하려면 이렇게 작동해야 한다.

그림 4-4의 ②에서 101의 파동만 다른 것과 다른 파동이 되었다.

그림 4-4 그로버 해법의 계산 메커니즘

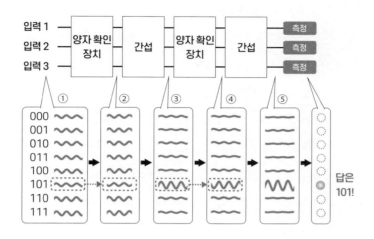

하지만 이 시점에서 측정하여 조사해도 아직 어떤 것이 맞는지는 판별할 수 없다. 측정해서 맞는 패턴을 조사하려면 맞는 진폭을 다른 것보다 크게 해서 그 패턴이 선택될 확률을 높이는 과정이 필요하기 때문이다. 현재 상태로는 맞는 파동만 마루와 골이 뒤집혀 있는 것은 틀림없지만, 진폭 자체는 다른 패턴 파동과 같은 상태다. 그래서 다음으로 파동끼리 간섭시킨다. 여덟 가지 패턴의 파동을 잘 간섭시키면, 맞는 파동만 마루와 골의 타이밍이 다르므로 간섭 상태가 달라진다. 이를 통해 그림 4-4의 ③처럼 맞는 파동만 강화해서 크게 만들고, 다른 파동은 상쇄시켜 작게 만들 수 있다. 이렇게 간섭시켜야 비로소 어떤 파동의 마루와 골이 반전되었는지 측정할 수 있게 되는 것이다.

그림 4-4의 ③단계에서는 아직 틀린 파동이 살아 있다. 그래서 같은 조작을 한 번 더 실시한다. 그림 4-4의 ③의 중첩 정보를 한 번 더 양자

확인 장치에 입력하여 101 패턴의 파동만 마루와 골을 한 번 더 뒤집으면 그림 4-4의 ④처럼 된다. 그리고 앞과 마찬가지 요령으로 여덟 가지 패턴의 파동을 잘 간섭시키면 그림 4-4의 ⑤처럼 된다. 101이라는 맞는 패턴만이 살아남은 것을 확인할 수 있다. 마지막으로 양자비트를 측정하면 100퍼센트에 가까운 확률로 옳은 답인 101을 얻을 수 있다.

이 예에서는 양자 확인 장치로 두 번 확인하는 것만으로 답을 찾을 수 있었다. 만약 여덟 가지 패턴을 하나씩 조사한다면, 평균 4회 이상은 확인해야 한다. 양자 확인 장치 덕분에 정답을 찾아내는 데 필요한 수고가 절반으로 줄어든 것이다. 일반적으로 N가지 패턴 가운데서 정답을 찾을 때 그로버 해법으로는 약 $\sqrt{N}$회 확인하면 거의 확실히 올바른 답을 얻을 수 있다.

지금까지의 설명으로 알 수 있듯이, 그로버 해법이 일반적인 컴퓨터의 해법보다 빨라지는 비결은 양자의 파동 성질을 잘 사용하기 때문이다. 파동 성질을 사용해서 복수의 패턴을 병렬로 계산하고, 파동과 파동을 잘 간섭시켜서 올바른 패턴만 추려내는 것이다. 이것은 파동을 조종해서 문제를 푸는 양자컴퓨터라서 가능한 방법이므로, 현대의 컴퓨터가 간단히 흉내 낼 수 없다. 이 원리야말로 양자컴퓨터가 계산을 빨리하는 핵심이다.

양자컴퓨터가 할 수 있는 빠른 계산 2
양자 화학 계산

　이번에는 양자컴퓨터로 계산이 빨라지는 다른 사례로 양자 화학 계산을 살펴보자. 이것은 양자컴퓨터의 가장 중요한 응용 분야 가운데 하나다. 실제로 화학 제품 제조사나 제약회사 등 화학 계산을 사용하는 많은 기업에서 양자컴퓨터에 주목하고 있다.

　중학교와 고등학교에서 세상의 온갖 물질은 원자로 이루어져 있다고 배운다. 화학 연구자는 어떤 종류의 원자를 어떻게 조합하면 세상에 도움이 되는 물질을 만들 수 있을지 부단히 연구한다(그림 4-5). 이런 연구에는 고도의 화학 계산이 필요하다. 이는 물질 안에 있는 전자의 움직임을 정확하게 계산하는 것을 말한다. 물질이 가지는 많은 성질은 물질 안에 있는 전자가 결정하는데, 물질 안에 있는 전자의 움직임을 알 수 있다면 그 물질의 색이나 형태부터 화학반응을 일으키는 방법까지 예상할 수 있다. 컴퓨터가 전자의 움직임을 계산해서 다양한 원자 조합으로부터 물질이 가지는 성질을 예상한다고 하자. 이것이 가능해지면 태양전지 패널이나 전지를 만들 우수한 재료나 효과가 좋은 약 등 세상에 도움이 되는 새로운 물질을 발견할 수 있을 것이다. 지금도 연구소 등에 있는 슈퍼컴퓨터는 이런 화학 계산을 빈번하게 처리한다.

　그런데 전자의 움직임을 계산하는 것은 상당히 골치 아픈 문제다. 전자는 양자역학을 따르므로 전자의 움직임을 밝히려면 양자역학 규칙을 바탕으로 계산해야 하기 때문이다. 이것은 복잡한 물질일수록 계산량이 폭발적으로 증가해서 현대의 슈퍼컴퓨터로 감당할 수 없다는 것을 의미한다. 1982년에 파인만은 '양자역학을 따르는 자연을 효율적으로 시뮬레이션하고 싶다면, 양자역학 규칙을 따라서 작동하는 컴퓨터를 만들 필요가 있다'라고 생각해서 양자컴퓨터의 필요성을 호소했다. 파인만의 생각은 옳았고, 양자역학을 따르는 전자의 움직임을 계산하는 데도 양자역학을 따르는 양자컴퓨터를 사용하면 훨씬 효율적이다.

왜 양자 세계의 계산은 양자컴퓨터가 하는 편이 유리할까? 간단하게 설명하면 다음과 같다. 예를 들어 태양 주위를 돌고 있는 지구의 운동은 고등학교에서 배우는 '뉴턴의 운동방정식'이라는 규칙을 따른다(그림 4-6의 위 그림). 이 방정식은 어느 한 곳에 존재하는 물질이 시간이 지나면 어떻게 움직이는지 결정하는 규칙이다. 이런 운동의 계산은 현재의 컴퓨터로도 비교적 간단하게 할 수 있다.

이와 달리, 원자나 분자 안에서 양성자와 중성자의 주위를 돌고 있는 전자의 운동은 뉴턴의 운동방정식으로는 설명할 수 없다. 전자는 한 곳에만 있지 않고 파동으로서 공간에 퍼져가는 중첩 상태에 있기 때문이다. 이런 파동의 움직임은 '슈뢰딩거 방정식'이라는 양자역학의 규칙이 결정한다(그림 4-6의 아래 그림). 슈뢰딩거 방정식은 전자의 중첩 상태가 시간에 따라 어떻게 변화하는지 결정하는 규칙이다. 중첩을 알지 못하는 현대의 컴퓨터로 그 움직임을 계산하려면 상당히 번거로운 과정을 거쳐야 한다. 3을 100번 더하는 계산을 아직 곱셈을 배우지 않은 초등학생에게 시키는 것과 같다. 곱셈을 알고 있다면 3×100으로 단번에 답을 알 수 있지만, 곱셈을 배우지 않았다면 착실하게 100번의 덧

그림 4-5 화학 계산을 사용한 물질 개발

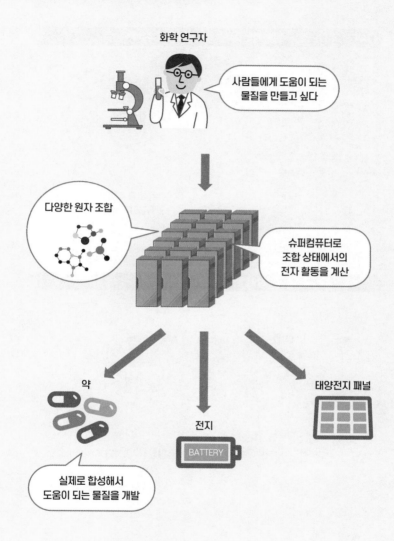

그림 4-6 일상적인 세계와 양자 세계의 움직임을 계산하는 방정식

일상적인 세계: 뉴턴의 운동방정식

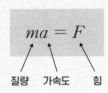

$$ma = F$$

질량　가속도　힘

태양 주위를
지구가 도는 운동

양자 세계: 슈뢰딩거 방정식

허수　　파동의 형태를 나
　　　타내는 함수

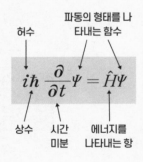

$$i\hbar \frac{\partial}{\partial t}\Psi = \hat{H}\Psi$$

상수　시간　에너지를
　　미분　나타내는 항

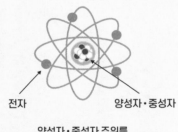

전자　　　　양성자·중성자

양성자·중성자 주위를
전자가 도는 운동

셈을 할 수밖에 없다. 마찬가지로 중첩을 모르는 현대의 컴퓨터가 중첩된 전자의 움직임을 계산하게 하는 것은 상당히 비효율적이며 엄청난 시간이 걸린다.

한편, 양자컴퓨터는 애초에 정보를 중첩해서 표현하고 중첩 방식을 변화시키면서 계산하는 장치이므로 이런 계산에는 안성맞춤이다. 물질 안에 있는 전자의 중첩 상태는 양자비트의 중첩으로 치환해서 간단히 표현할 수 있다. 그리고 슈뢰딩거 방정식을 따르는 전자의 움직임은 양자 논리연산을 사용해서 양자비트로 흉내 낼 수 있다. 그러므로 화학 계산에서 물질 안에 있는 전자의 움직임을 계산할 때는 양자역학 규칙을 자연스럽게 표현할 수 있는 양자컴퓨터가 제격인 것이다. 이것이 양자컴퓨터가 화학 계산을 잘하는 이유다.

구체적인 화학 계산 순서

물질 안에 있는 전자의 움직임을 계산한다는 것은 구체적으로 무엇을, 어떻게 계산한다는 것일까? 분자 계산을 예로 들어보자. 분자와 원자 안에 있는 전자의 움직임은 궤도라는 개념을 사용해서 이해할 수 있다. 고등학교에서는 원자 중심에 있는 양성자와 중성자의 주위를 전자가 빙글빙글 도는 통로(궤도)가 몇 종류 있어서 그 궤도 어딘가에 전자가 들어간다고 배웠다(그림 4-7의 왼쪽 그림). 한 궤도에 들어갈 수 있는 전자의 개수는 정해져 있다.

궤도를 보는 관점을 바꾸면 전자가 들어가는 방으로 생각할 수 있는데, 그 경우 전자가 한 개만 들어갈 수 있는 방이 많이 있어서 전자가 어느 방에 들어가는지가 원자의 성질을 결정하는 중요한 요소가 된다. 전자가 많으면 에너지가 낮은 궤도부터 차례로 들어가는데, 엘리베이터가 없는 아파트를 생각하면 된다(그림 4-7의 오른쪽 그림). 일부러 계단을 사용해서 위로 올라가려면 에너지가 소비된다. 이 아파트에 누군가 이사 온다면 비어 있는 방 중에서 가능한 한 낮은 층의 방을 고르는 것이 자연스럽다. 101호실, 102호실 순으로 방이 채워지고, 1층이 다 차면 다음 사람은 2층으로, 2층이 다 차면 3층을 선택한다. 마찬가지로 전자도 가능한 한 낮은 에너지 궤도부터 차례로 들어간다.

원자를 몇 가지로 조합해서 분자를 형성할 때도 분자의 궤도가 생겨서 전자가 어디로 들어가는지가 분자의 성질을 결정하는 중요한 요소다. 그런데 분자를 구성하는 원자나 전자의 개수가 많아지면 상황은 복잡해진다. M개의 방에 N개의 전자가 들어간다고 해보자. 그 조합은 M과 N이 많아질수록 폭발적으로 증가한다($_MC_N$가지). 게다가 전자는 양자역학을 따르므로 하나의 전자가 어떤 궤도에 들어간 상태와 또 다른 궤도에 들어간 상태가 중첩된다. 전자는 슈뢰딩거 방정식이라는 양자역학 규칙을 따라서 가장 에너지가 작아지는 궤도에 들어간다. 그러면 전자는 어떤 궤도에 어떤 상태로 들어갈까? 분자의 성질을 밝히려면 컴퓨터로 이런 문제를 풀어야만 한다.

사실 현대의 컴퓨터로 이런 계산을 처리하기는 어렵다. 우선, 전자가 궤도에 들어가는 상황을 표현하기가 힘들다. 전자가 궤도에 들어가는 방식에는 방대한 패턴이 있으며, 각 패턴이 중첩된다. 앞에서 여러

그림 4-7 **전자가 궤도에 들어가는 상황**

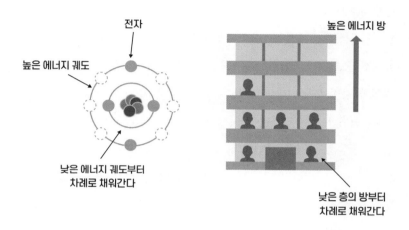

패턴이 중첩될 때 그 중첩 방식은 각 패턴에 해당하는 진폭의 비와 위상의 차이로 나타낼 수 있다고 설명했다. 중첩을 모르는 현대의 컴퓨터가 이런 정보를 나타내려면 방대한 패턴 하나하나마다 진폭과 위상을 전부 자세하게 기록해야 한다. 더욱이 슈뢰딩거 방정식으로 전자의 움직임을 계산하려면 이런 중첩 상태에 관한 정보가 어떻게 변화하는지 계산해야 하며, 전자와 궤도 개수가 증가하면 계산하는 데 드는 수고는 폭발적으로 증가한다.

그래서 양자 세계에서의 전자의 움직임을 현대의 컴퓨터로 흉내내기는 불가능에 가깝다. 매우 작고 단순한 분자라면 몰라도 복잡한 분자라면 슈퍼컴퓨터를 사용해도 계산하기가 힘들다. 고스란히 계산할 수 없기 때문에 영향이 작은 부분의 계산은 넘기고 간략화하여 근사치를 예상하는 것이 고작이다.

이럴 때 양자컴퓨터가 등장해야 한다. 양자컴퓨터는 양자비트로 중첩 정보를 직접 표현할 수 있으므로 전자가 궤도에 들어가는 방식을 압도적으로 유리하게 표현할 수 있다. 예를 들어 궤도 한 개와 양자비트 한 개를 대응시켜서 그 궤도에 전자가 들어 있으면 1, 없으면 0으로 표현한다고 하자. 그림 4-8처럼 궤도가 세 개 있고 그것에 대응하는 세 개의 양자비트가 있다고 하면, 세 개의 양자비트가 101일 때 첫 번째 와 세 번째 궤도에 전자가 들어 있고 두 번째 궤도에는 전자가 들어 있지 않은 상황을 표현할 수 있다. 양자비트는 중첩을 표현할 수 있으므로 000부터 111까지의 모든 패턴을 중첩해서 전자가 궤도에 들어가는 상황을 표현할 수 있다.

궤도 내 전자의 상태를 양자비트 상태로 치환했으므로 다음에는 전자가 따르는 규칙을 양자비트가 따르는 규칙으로 치환한다. 전자는 슈뢰딩거 방정식을 따르므로 이것을 양자 논리연산이라는 도구로 양자비트용으로 새로 작성하면 된다. 이렇게 치환하면 전자의 움직임을 양자컴퓨터에서 그대로 재현할 수 있다. 이것을 이용해서 가장 에너지가 낮아지게 전자가 궤도에 들어가는 방법을 양자컴퓨터로 효율적으로 찾는 해법이 발견되었다(그림 4-8).

양자컴퓨터를 사용해서 전자가 궤도에 들어가는 방식이나 그때의 에너지를 계산할 수 있으면, 그 분자의 성질을 알 수 있다. 분자의 성질이란 그 분자가 어떤 형태를 가지는지, 다른 원자나 분자와 충돌하면 어떤 화학반응이 일어나는지, 빛을 쪼이면 어떻게 반응하는지 등을 말한다. 계산으로 분자의 성질을 알아낸 다음에는 새로운 기능을 가진 분자나 재료를 설계할 수 있다. 예를 들어 병의 원인이 되는 분자와 부딪히면 그 작용을 억제하는 약 분자를 발견할 수도 있고, 전기자

그림 4-8 양자컴퓨터로 화학 계산을 처리하는 원리

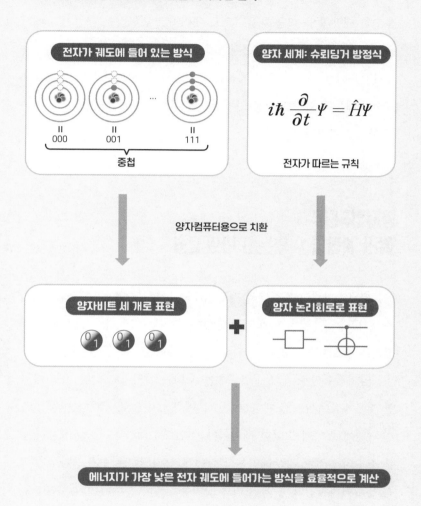

동차에서 사용하는 가볍고 고성능인 배터리를 만들어낼 수도 있다. 또 흡수한 태양 빛을 더욱 효율적으로 에너지로 변환하는 태양전지 패널용 재료를 개발해서 지구의 에너지 문제를 해결할 수도 있다. 이렇듯 양자컴퓨터를 사용한 화학 계산은 세상을 더욱 풍요하게 만들 것이다. 그렇기 때문에 화학 계산은 양자컴퓨터의 가장 중요한 응용 분야 가운데 하나로 여겨지고 있다.

양자컴퓨터로
빨리 계산할 수 있는 그 밖의 유형

지금까지 양자컴퓨터의 계산이 빠른 이유를 그로버 해법과 화학 계산이라는 두 가지 사례로 설명했다. 원리는 다르지만, 모두 양자의 성질을 잘 살려서 계산을 고속화한다는 사실을 이해했을 것이다.

양자컴퓨터로 계산이 빨라지는 사례는 이외에도 많다. 가장 유명한 것은 1장에서도 소개한 소인수분해를 고속으로 처리하는 것으로, 1994년에 쇼어가 고안한 해법이다. 소인수분해란 15=3×5처럼 정수를 소수의 곱셈으로 분해하는 계산인데, 숫자의 자릿수가 증가하면 극적으로 어려워진다. 수백 자리의 숫자를 소인수분해하려면, 슈퍼컴퓨터로도 현실적인 시간 안에 풀 수 없다. 하지만 양자컴퓨터라면 양자컴퓨터 특유의 쇼어 해법으로 훨씬 효율적으로 계산할 수 있다. 1장에서 소개한 대로 양자컴퓨터로 소인수분해를 고속으로 처리할 수 있으면, 지금 인터넷에서 안전한 통신을 가능하게 해주는 RSA 암호를 간단하게 깰 수 있다.

쇼어 해법이 계산을 고속화하는 원리를 간단히 설명하면 다음과 같다. 소인수분해는 현대의 컴퓨터로도 몇 단계의 계산 순서로 나눠서 풀 수 있다. 이 가운데 가장 어려운 단계는 7, 4, 1, 3, 7, 4, 1, 3,…처럼 반복되는 숫자열이 있을 때 그 반복 주기를 구하는 것이다. 실제로 자릿수가 큰 숫자의 소인수분해라면 현재의 컴퓨터로는 이런 주기를 찾는 계산에 방대한 시간이 걸린다. 한편 양자컴퓨터는 이 부분을 빠르게 계산할 수 있다. 우선 숫자열의 정보를 양자비트의 중첩 정보 안에 넣고 그것들을 잘 간섭시켜서 주기에 관한 정보를 두드러지게 만든다. 이렇게 주기를 고속으로 찾아내는 방법은 '양자 푸리에 변환'이라고 부른다. 이 방법은 소인수분해 외에도 다양한 양자컴퓨터 계산에 활용할 수 있다. 이 방법으로 소인수분해에서 가장 어려운 단계를 고속으로 처리하면서 소인수분해 계산이 극적으로 빨라진다.

이 밖에도 양자컴퓨터는 연립 1차방정식을 고속으로 풀 수 있다. 연립 1차방정식이란 x, y, z의 덧셈이나 뺄셈으로 구성된 관계식이 몇 개 주어졌을 때 x, y, z의 값을 계산하는 것이다(그림 4-9). 구하는 문자가 세 개라면 사람도 간단하게 계산할 수 있다. 하지만 문자가 늘어나면 계산량이 점점 커져서 슈퍼컴퓨터로도 풀기 어려워진다. 반면에 양자컴퓨터라면 효율적으로 계산할 수 있다. 3장에서 설명한 것처럼, 애초에 양자컴퓨터는 많은 파동을 더하고 빼면서 계산한다. 많은 파동을 더하고 빼는 조작은 연립 1차방정식에서 많은 값을 더하고 빼는 것과 마찬가지다. 즉 양자컴퓨터의 계산은 연립 1차방정식을 푸는 계산과 상당히 궁합이 잘 맞는다. 컴퓨터 시뮬레이션이나 로봇 제어, 기계학습

그림 4-9 양자컴퓨터가 계산을 잘하는 문제의 구체적인 예

	예 1: 그로버 해법	예 2: 양자 화학 계산 해법
문제 이미지	? → 확인 기계 → 당첨 or 꽝	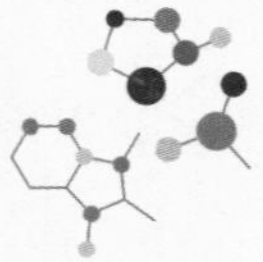 전자 움직임?
계산 고속화 포인트	중첩해서 병렬 처리 +간섭으로 추려낸다	양자컴퓨터는 전자가 따르는 양자역학 규칙을 자연스럽게 표현할 수 있다
응용 분야의 예	데이터베이스 검색· 조합 최적화 문제	기능성 재료와 약 개발

	예 3: 쇼어 해법	예 4: 연립 1차방정식 해법
문제 이미지	소인수분해 $34579 = $? X ?	$\begin{cases} 3x + 2y - z = 2 \\ -x + y + 2z = 6 \\ 2x - 4y - 3z = -5 \end{cases}$ $(x,\ y,\ z) = (?,\ ?,\ ?)$
계산 고속화 포인트	중첩과 간섭을 사용한 양자 푸리에 변환으로 주기를 빠르게 찾아낸다	숫자의 덧셈 뺄셈을 파동의 덧셈 뺄셈으로 치환해서 계산한다
응용 분야의 예	암호 해독	시뮬레이션·제어·기계 학습· 데이터 분석·화상 처리

이나 데이터 분석, 화상 처리 등 온갖 분야에서 대규모 연립 1차방정식을 풀어야 하는데, 양자컴퓨터를 사용해서 이런 계산을 빨리 처리한다면 주변의 온갖 사물의 성능이 향상될 것이다.

이번 장의 앞부분에서 제기한 '양자컴퓨터는 왜 현대의 컴퓨터보다 계산이 빠른가?'라는 의문에 대해 한마디로 답하기는 어렵다. 문제에 따라 고속화 요령이 조금씩 다르기 때문이다. 하지만 공통적인 점이 있다면, 양자의 파동 성질을 사용해서 문제를 풀고 중첩과 간섭을 잘 사용한다는 것이다. 이처럼 '파동을 조종해서 문제를 푼다'는 양자컴퓨터만의 풀이법이 고속화의 본질적인 부분이라고 할 수 있다.

지금까지 양자컴퓨터로 고속화할 수 있는 계산을 다양하게 소개했다. 하지만 이런 계산으로 실용적인 문제를 풀려면 100만에서 1억 개 이상의 양자비트를 높은 정밀도로 조작해야 한다. 5장에서도 설명하겠지만, 현대의 양자컴퓨터는 양자비트 개수가 100개에도 미치지 못하고 계산 오류도 많다. 따라서 실용적으로 도움이 되는 양자컴퓨터와 현재의 양자컴퓨터 사이에는 큰 차이가 있다.

이대로 양자컴퓨터가 쓸모없는 상황이 계속되면, 막대한 비용이 드는 양자컴퓨터 개발을 계속하기는 어려울 것이다. 그래서 양자컴퓨터 연구자는 작은 양자비트로도 가능한 한 효율적으로 계산할 수 있는 해법을 찾고 계산법을 거듭 개량한다. 최근에는 소규모 양자컴퓨터를 현명하게 이용하기 위한 계산 방법도 개발되고 있다. 예를 들어 소규모 양자컴퓨터와 일반적인 컴퓨터를 연계하여 화학 계산이나 최적화 문제를 푸는 계산 방법도 제안되었다(그림 4-10). 양자컴퓨터는 아직 너무 작아서 모든 계산을 맡기에는 부담이 크므로, 양자컴퓨터에는

그림 4-10 양자컴퓨터와 일반적인 컴퓨터를 연계하여 문제를 푸는 방법

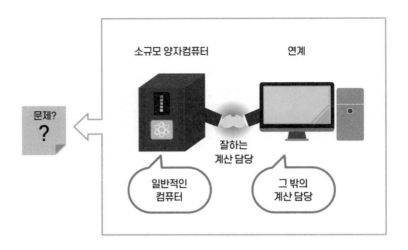

양자의 힘으로만 풀 수 있는 계산을 시키고 나머지 계산은 일반적인 컴퓨터에 시켜 역할을 분담하는 것이다. 이런 방법을 통해 가까운 장래에 실현할 수 있는 비교적 규모가 작은 양자컴퓨터로도 실용적인 문제를 푸는 방법을 찾을 수 있을 것으로 기대한다.

53개의 양자비트가
슈퍼컴퓨터를 이긴 비결

2019년 10월, 놀라운 소식이 양자컴퓨터업계를 떠들썩하게 했다. 특정 계산에서 양자컴퓨터가 기존의 컴퓨터를 초월하는 '양자 우위'를 구글이 세계 최초로 입증했다고 발표한 것이다. 구글의 연구팀은 "최첨단 슈퍼컴퓨터로도 1만 년이 걸리는 문제를 자사의 53양자비트의 양자컴퓨터로 200초 만에 풀었다"라고 보고했다. 어떻게 해서 불과 53개의 양자비트로 된 양자컴퓨터가 슈퍼컴퓨터를 이긴 것일까? 양자컴퓨터가 현대의 컴퓨터보다 고속으로 풀 수 있는 문제로 데이터베이스 검색, 화학 계산, 소인수분해 등이 있지만, 현재의 양자컴퓨터는 규모가 너무 작아서 이런 계산도 규모가 작은 것만 할 수 있으므로 슈퍼컴퓨터를 초월할 수는 없다.

양자컴퓨터의 계산 원리를 다시 생각해보면, 소규모 양자컴퓨터가 슈퍼컴퓨터를 이기는 힌트를 찾을 수 있다. 양자컴퓨터가 현대의 컴퓨터와 다른 점은 중첩과 간섭을 사용해서 다수의 패턴을 동시에 계산할 수 있다는 것이다. 예를 들어 53개의 양자비트를 탑재한 양자컴퓨터가 있다면 2^{53}가지, 즉 약 1경(10^{16}) 가지의 패턴을 중첩하고 그 상태를 변화시키면서 계산한다. 만일 이 양자컴퓨터의 계산을 현대의 컴

그림 4-11 양자컴퓨터와 일반적인 컴퓨터를 연계하여 문제를 푸는 방법

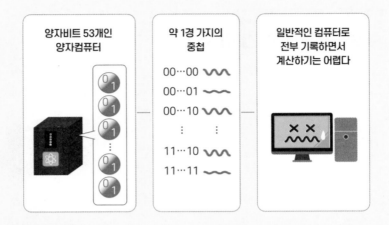

퓨터가 흉내 낸다면 어떻게 될까? 현대의 컴퓨터는 중첩 상태를 나타내는 1경 개의 진폭과 위상 정보를 전부 기록하면서, 그것들이 어떻게 변화하는지 하나하나 계산해야만 한다(그림 4-11).

1경 개는 정보를 축적하는 메모리 용량과 계산의 수고스러움이라는 관점에서 생각하면 최첨단 슈퍼컴퓨터로도 흉내 내기 어렵다. 그래서 양자컴퓨터에 어떤 것을 계산하게 하고 그것을 그대로 슈퍼컴퓨터가 흉내 내게 하는, 즉 양자컴퓨터에 유리한 특별한 문제를 일부러 만드는 것이다. 이런 문제로 겨룬다면, 50양자비트 정도의 양자컴퓨터가 슈퍼컴퓨터를 이길 가능성이 있다. 이것이 양자 우위라는 단어의 의미다.

실제로 구글이 한 일은 53양자비트의 양자컴퓨터로 무작위 계산을 해서 결과를 출력하는 것이었다. 슈퍼컴퓨터로 같은 결과의 패턴을 얻으려면 양자컴퓨터의 계산을 그대로 흉내 낼 수밖에 없으므로 상당한 시간이 걸린다. 구글의 실험에서 처리한 계산은 실용적으로 가치가 있는 것은 아니었다. 그러므로 양자 우위가 실현되었다고 해서 양자컴퓨터가 생활에 도움이 되는 것은 아니다. 양자컴퓨터가 사회에 도움을 주는 것은 아직 먼 미래의 이야기다. 하지만 양자 우위를 실현했다는 것은 양자의 성질을 사용하면 계산이 빨라진다는 사실이 과학적으로 처음 입증되었다는 의미다. 이것은 양자컴퓨터 역사에서 큰 의의를 가지며, 매우 중요한 사건이다.

| 4장 요약 |

- 문제의 규모가 커지면 계산이 들이는 수고가 폭발적으로 증가해서 현대의 컴퓨터로는 풀기 어려운 문제가 너무도 많다. 하지만 양자컴퓨터를 사용하면 계산 횟수를 줄여서 더 빨리 풀 수 있는 사례가 있다.

- 그로버 해법은 데이터베이스 검색이나 최적화 문제 등에 사용하는 해법으로, 답이 될 수 있는 다양한 후보를 중첩해서 동시에 조사하면서 간섭을 통해 올바른 답을 추려내므로 계산 횟수를 줄일 수 있다.

- 화학 계산에서는 전자가 궤도에 들어가는 방식을 계산할 수 있으면 그 물질의 성질을 알 수 있다. 전자는 양자역학 규칙을 따라서 궤도에 들어가므로, 마찬가지로 양자역학 규칙을 따르는 양자컴퓨터를 사용하여 간단하게 계산할 수 있다.

- 양자컴퓨터로 고속화할 수 있는 계산은 여러 가지 발견되었지만, 전부 '파동을 조종해서 문제를 푼다'는 양자컴퓨터만의 풀이법을 사용하는 것이 고속화의 본질이다.

양자컴퓨터,
어떻게 만들까?

어떤 양자를
선택할 것인가?

지금까지 양자컴퓨터가 계산을 처리하는 원리에 관해 설명했는데, 이 장에서는 실제로 어떻게 양자컴퓨터를 만드는지 살펴보려 한다. 나는 양자컴퓨터를 연구하지만, 계산 원리를 연구하기보다는 만드는 것이 전공이다. 그래서 양자컴퓨터를 만드는 방법에 관해 소개하는 것이 정말로 즐겁다.

현재 전 세계에서 여러 방식으로 양자컴퓨터를 개발하고 있다. 그렇지만 양자컴퓨터를 만드는 것은 무척이나 어렵고, 어떤 방식으로든 소규모로밖에 구현하지 못하고 있다. '양자컴퓨터 개발이 어려운 이유는 무엇일까?', '개발 방식에는 어떤 것이 있을까?', '연구 현장은 어떤 모습일까?' 이런 질문에 답하면서 양자컴퓨터 개발에 대해 소개하려 한다.

1장에서 컴퓨터란 숫자 계산을 물리 현상으로 바꿔서 처리하는

그림 5-1 오늘날 컴퓨터에서 비트를 나타내는 방법

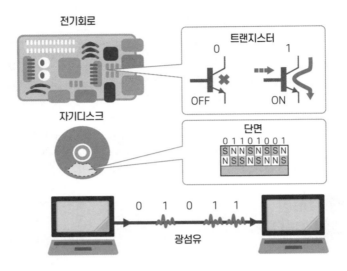

도구라고 설명했다. 주판은 숫자를 주판알의 위치로 표현하고, 사람
이 손으로 주판알의 위치를 바꿔가며 계산한다. 오늘날의 컴퓨터는
주판알 대신 트랜지스터라고 하는 전기 스위치를 사용한다. 스위치의
ON과 OFF로 0과 1을 표현하고, 스위치를 여럿 연결해서 계산을 처리
한다.

참고로 오늘날의 컴퓨터는 계산을 처리할 때 트랜지스터를 사용
하지만, 계산 외에는 목적에 맞게 여러 방법으로 비트 정보를 표시한
다(그림 5-1). 예를 들어 많은 정보를 오랫동안 보존할 때는 자기디스크를
사용한다. 자기디스크는 원반 형태의 디스크 표면에 자석 성질을 가진
재료를 입힌 것인데, 자석이 위 또는 아래로 향하여 0과 1을 기록하고
그 방향을 읽거나 변경하여 정보를 읽고 쓸 수 있다. 한편으로 인터넷

에서 정보를 주고받을 때는 광섬유를 사용해서 빛 신호를 주고받는다. 빛의 ON과 OFF로 0과 1을 표현하고, 빛을 통하게 하거나 차단하는 동작을 고속으로 반복적으로 처리하여 정보를 보낸다. 이처럼 여러 가지 방법으로 비트 정보를 표현할 수 있다.

양자컴퓨터는 0과 1의 중첩인 양자비트 정보를 어떤 물리적 수단으로 표현하고, 그것을 물리적으로 변화시켜서 계산을 처리한다. 단, 이는 양자역학을 따르며 중첩하거나 간섭을 일으키는 것이어야만 한다. 양자역학은 원래 미시 세계를 담당하는 보편적인 물리법칙으로, 물질을 구성하는 단위인 양자(원자, 전자, 광자와 같은 입자)는 전부 양자역학을 따른다. 그러므로 이러한 양자는 전부 양자비트의 후보가 될 수 있다. 양자컴퓨터를 만든다면, 이론상으로는 어떤 양자를 선택해도 상관없다. 참고로 나는 광자를 좋아한다.

양자컴퓨터 만들기는 너무 어렵다

양자컴퓨터를 만드는 방식은 다양하다. 어떤 방식이든 양자 한 개로 정보를 나타내고 많은 양자를 조종하여 계산하는 것은 엄청나게 어려운 일이다. 실제로 양자비트 몇 개를 처리할 수 있는 양자컴퓨터를 구현하는 방법은 그렇게 많지 않다.

양자컴퓨터를 구현하는 것이 어려운 이유 가운데 하나는 양자가 매우 예민하기 때문이다. 2장에서 소개한 2중 슬릿 실험에서는 전자

한 개가 두 슬릿을 동시에 통과하고 중첩되어 벽에 줄무늬를 만들지만, 전자가 지나는 경로에 방해하는 원자나 분자가 있으면 충돌이 발생하여 중첩이 파괴되고 줄무늬가 나타나지 않았다. 그래서 2중 슬릿 실험은 가능한 한 방해 원자와 분자를 모두 제거한 진공 용기 안에서 실시한다.

방해 요소는 원자나 분자만이 아니다. 우주를 날아온 빛이 양자에 부딪혀 방해하기도 한다. 또 플러스와 마이너스 전기가 서로 끌어당기는 전기력이나 S극과 N극이 서로 끌어당기는 자석의 힘은 떨어진 물체 사이에서 작용한다. 그러므로 주위의 전기와 자석도 양자에 악영향을 줄 수 있다. 이처럼 다양한 영향력을 피해 양자의 성질을 유지하기 위해 될 수 있는 대로 양자를 주위로부터 격리할 수 있는 곳에 가둬 둔다.

그림 5-2와 같이, 양자 아가씨는 매우 민감한 심성을 가지고 있다. 타인과의 접촉을 완전히 피한 채 '온실 속의 화초'로 길러졌기에 민감한 마음이 상처받지 않게 소중하게 지켜줘야 한다. 그렇지만 양자 아가씨에게 계산을 시키기 위해서는 어떤 방법으로든 양자 아가씨와 접촉해서 계산을 부탁해야 한다. 즉 필요할 때는 온실 속의 양자 아가씨와 접촉할 수 있는 수단이 있어야 한다. 양자컴퓨터를 만들려면 양자 아가씨를 지키기 위해 외부와의 접촉을 차단하는 동시에 양자 아가씨와 접촉할 수 있는 우리만의 수단을 확보하는, 터무니없는 과제를 해결해야 한다는 말이다.

양자컴퓨터를 실현하기 어려운 또 하나의 이유는 양자 하나하나를 정확하게 조종해야 하기 때문이다. 현대의 일반적인 컴퓨터는 다소

그림 5-2 양자의 성질을 유지하면서 계산에 활용하는 방법

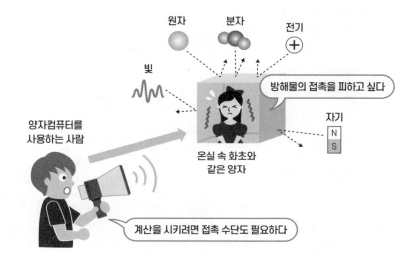

부정확한 부분이 있어도 계산 오류가 발생하기 어려운 구조로 되어 있다(그림 5-3의 위 그림). 트랜지스터는 전기신호를 보내거나 보내지 않는 것으로 ON과 OFF를 전환하는데, 기준보다 큰 신호가 오면 ON, 작은 신호가 오면 OFF로 판단한다. 이때 어떤 노이즈에 의해 신호가 다소 흔들려도 ON과 OFF를 틀릴 일은 없다. 한편으로 트랜지스터는 인간이 제조하므로 제조할 때의 편차로 인해 트랜지스터 한 개가 ON과 OFF를 판정하는 기준치에도 편차가 발생할 수밖에 없다는 문제도 있다. 하지만 이런 편차가 허용 범위 안에 있다면 ON과 OFF의 판정에는 영향을 미치지 않는다. 이렇듯 현대의 컴퓨터는 어느 정도 노이즈나 제조 편차가 있어도 계산 오류를 일으키지 않는 구조로 되어 있다.

　이로 인해 또 하나 좋은 점이 있다. 트랜지스터에서 노이즈나 오차

그림 5-3 일반적인 컴퓨터와 비교했을 때 양자컴퓨터가 노이즈와 오차에 약한 이유

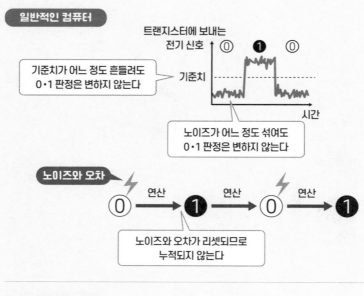

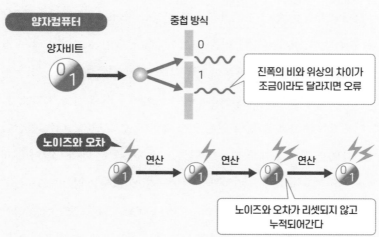

가 발생해도 ON과 OFF에는 영향을 주지 않기 때문에 노이즈나 오차의 영향이 뒤에 연결된 트랜지스터에 전달되지 않는다는 점이다. 다시 말해 트랜지스터를 많이 연결해서 연산을 반복해도 트랜지스터를 통할 때마다 노이즈와 오차의 영향이 리셋되어 누적되지 않는다.

이와 달리 양자비트는 정보의 성질이 달라서 노이즈나 오차가 조금도 허용되지 않는 구조로 되어 있다(그림 5-3의 아래 그림). 양자비트는 0과 1의 중첩이며 그 중첩 방식으로 정보를 나타낸다. 중첩 방식은 진폭의 비와 위상의 차이로 정해진다. 이 값은 연속적으로 변하므로 노이즈나 오차로 인해 조금이라도 어긋나면 계산 오류가 발생한다. 트랜지스터처럼 어느 정도의 범위를 허용하지 않는다는 말이다.

게다가 더 성가시게도, 양자비트로 반복해서 연산하면 매번 연산 노이즈나 오차가 리셋되지 않고 누적된다. 양자비트를 사용한 계산에서는 항상 중첩 방식이라는 연속적인 정보를 다뤄야 하므로, 트랜지스터처럼 전기 신호를 ON 또는 OFF로 변환해서 노이즈나 오차를 리셋할 수 없기 때문이다. 양자비트 연산을 99퍼센트의 정확도로 할 수 있다고 하면, 얼핏 생각하기에는 높은 정확도로 보일 수도 있다. 하지만 연산을 100번 연속하면 올바른 답이 나올 확률이 99%×99%×99%×…=37%밖에 되지 않는다. 이런 정확도라면 답을 전혀 신용할 수 없다. 아무리 고속으로 계산할 수 있다 해도 신용할 수 없는 답을 내놓는 양자컴퓨터를 누가 사용하고 싶겠는가? 그러므로 양자컴퓨터는 연산 정확도라는 측면에서는 타협할 수 없다.

양자컴퓨터를 만들려면 전자, 원자, 광자와 같은 양자 하나하나를 각종 방해꾼으로부터 완벽하게 보호하고 아주 정확하게 조종해야 한다. 이 정도 품질이면 된다는 합격 기준이 없는 것은 괴로운 일이다. 양자를 방해하거나 흐트러지게 하는 원인을 찾아내어 제거하는 과정을 반복하면서 완벽을 추구해야만 한다. 양자컴퓨터 개발자는 날마다 눈물겨운 노력을 하고 있다. 양자컴퓨터 개발이 얼마나 어려운지 조금이라도 알아주길 바란다.

컴퓨터에는
오류 정정 기능이 필수인데…

양자컴퓨터는 인간이 만드는 것이므로 100퍼센트 완벽하게 노이즈나 오차를 없애는 것은 불가능하다. 현대의 컴퓨터도 100퍼센트 완벽하지는 않아서 계산 도중에 오류가 발생하기도 한다. 하지만 현대의 컴퓨터는 1+1을 계산해서 2가 아닌 답이 나오는 법이 없다. 계산 도중에 오류가 발생해도 계산 오류를 스스로 찾아내 정정하는 오류 정정 기능을 갖추었기 때문이다.

오류 정정 기능의 기본적인 원리는 '많은 비트를 사용해서 한 개 분량의 비트 정보를 나타낸다'는 것이다(그림 5-4). 예컨대 세 개의 비트를 사용해서 000이면 0이라는 정보를 나타내고, 111이면 1이라는 정보를 나타낸다고 하자. 111이라는 정보의 비트 하나에서만 오류가 발생해서 0과 1이 바뀌어서 101이 되었다고 하자. 이때도 모든 비트의 정보를 한 번 확인해서 다수결로 결정하면, 원래 111이었다고 판단해서 수정할 수 있다. 더 많은 비트를 한 세트로 해서 한 개 분량의 비트

그림 5-4 일반적인 컴퓨터의 오류 정정 사례

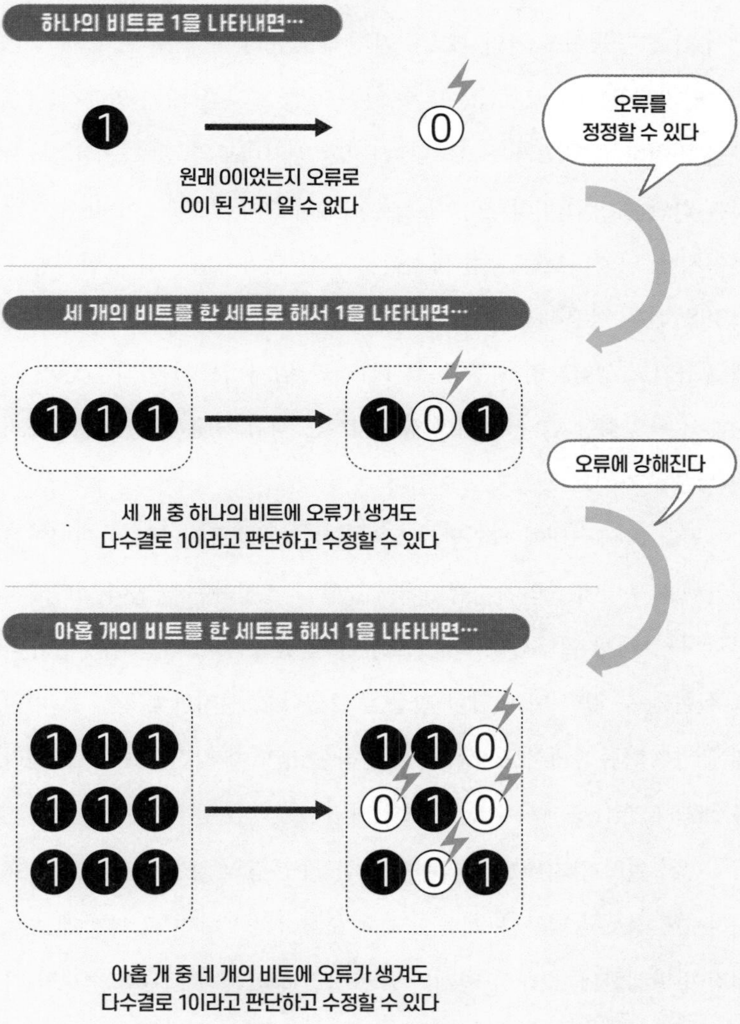

하나의 비트로 1을 나타내면…

① ➡️ ⓪ ⚡

원래 0이었는지 오류로
0이 된 건지 알 수 없다

> 오류를
> 정정할 수 있다

세 개의 비트를 한 세트로 해서 1을 나타내면…

①①① ➡️ ①⓪① ⚡

세 개 중 하나의 비트에 오류가 생겨도
다수결로 1이라고 판단하고 수정할 수 있다

> 오류에 강해진다

아홉 개의 비트를 한 세트로 해서 1을 나타내면…

①①①
①①①
①①①

➡️

①①⓪ ⚡
⓪①⓪ ⚡
①⓪①

아홉 개 중 네 개의 비트에 오류가 생겨도
다수결로 1이라고 판단하고 수정할 수 있다

정보를 나타낸다면 더 확실하게 오류를 바로잡을 수 있다. 이렇게 현대의 컴퓨터에서는 여분의 비트 개수를 충분히 늘려서 마지막에 틀린 답이 나올 가능성을 거의 제로에 가깝게 만든다.

양자컴퓨터에서도 신뢰할 수 있는 계산 결과를 내기 위해서는 오류를 정정하는 구조가 필요하다. 하지만 양자비트의 정보를 정정하는 것은 간단한 작업이 아니다. 애초에 비트의 오류는 0과 1이 바뀌는 것뿐이지만, 양자비트는 중첩 방식이 조금만 달라져도 오류가 발생한다. 그것을 전부 정정하는 것은 결코 쉬운 일이 아니다. 게다가 계산 도중에 오류가 발생했는지 여부를 조사하려면, 양자비트가 어떤 값인지 측정해서 확인해야 한다. 하지만 양자비트는 직접 측정하면 중첩이 깨지는 성질을 가지므로 그것도 어렵다.

원래 1980년대에 파인만과 도이치가 양자컴퓨터라는 아이디어를 제안했을 무렵에는 양자컴퓨터에서 오류를 정정하는 방법이 발견되지 않았다. 그래서 일부 연구자는 "오류를 정정할 수 없다면 양자컴퓨터를 실현할 수 없다"며 냉담한 반응을 보였다. 그렇지만 다행히 1990년대에 양자컴퓨터에서도 오류를 정정하는 방법이 발견되었다. 그 원리는 그림 5-5의 위 그림에서 확인할 수 있다.

먼저 여러 양자비트를 연계해서 한 개 분량의 양자비트 정보를 표시하도록 정보를 넣는다. 계산 도중에 오류가 발생하면 그 연계에 흐트러짐이 발생한다. 그래서 연계의 흐트러짐이 있는지에 관한 정보만 다른 양자비트에 잘 옮긴 후 측정하여 오류가 일어났는지 판정하는 것이다. 그래서 어떤 오류가 발생해도 이 방법으로 양자비트의 정보를 잃어버리지 않고 오류를 검출해서 정정할 수 있음을 알게 되었다.

그림 5-5 양자컴퓨터의 오류 정정

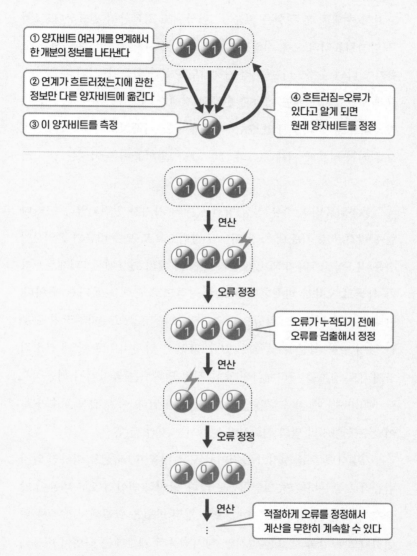

① 양자비트 여러 개를 연계해서 한 개분의 정보를 나타낸다

② 연계가 흐트러졌는지에 관한 정보만 다른 양자비트에 옮긴다

③ 이 양자비트를 측정

④ 흐트러짐=오류가 있다고 알게 되면 원래 양자비트를 정정

연산

오류 정정

오류가 누적되기 전에 오류를 검출해서 정정

연산

오류 정정

연산

적절하게 오류를 정정해서 계산을 무한히 계속할 수 있다

그런데 원래 쓴 답이 정답이었는데 오히려 검산한 후 틀린 답으로 고쳐서 손해를 본 경험은 없는가? 검산에도 정확함이 필요하다. 그것은 양자컴퓨터의 오류 정정도 마찬가지다. 오류가 있는지 확인하고 오류가 있다면 수정한다는 조작 자체에도 오류가 있을 수 있기 때문이다. 그래서 오류 정정에는 이득과 손해의 경계가 되는 손익분기점이 있다. 양자비트를 조작할 때의 오류 비율이 어느 기준치보다 작지 않으면, 오류 정정 절차에 의해 오히려 틀린 답을 낼 확률이 높아지는 일이 생긴다.

양자컴퓨터의 오류 정정 방법은 여러 가지가 발견되었다. 그러나 현재 발견된 것 가운데 가장 뛰어난 방법으로도 오류 비율의 손익분기점은 약 1퍼센트밖에 되지 않는다. 애초에 매회 연산에서 1퍼센트보다 큰 확률로 오류가 발생한다면 오류 정정으로 손해를 본다는 뜻이다. 반대로 오류 비율이 1퍼센트 이하라면 오류 정정으로 마지막에 잘못된 답이 나올 확률을 낮출 수 있다. 더 많은 양자비트로 한 개 분량의 양자비트 정보를 나타낸다면 오류 정정 정확도는 높아져서 최종적으로 100퍼센트에 가까운 정답을 낼 수 있게 된다. 이는 검산 회수가 늘어날수록 마지막 답의 신뢰성이 높아지는 것과 같다.

그렇다면 오류 정정이 잘되어서 오류 비율이 1퍼센트 이하인 양자컴퓨터로 충분하냐면, 그렇지만도 않다. 당연히 연산의 오류 비율이 낮을수록 오류 정정 효율도 좋다. 오류 정정 방법을 발견해서 오류를 완전히 0으로 만들 필요는 없지만, 양자컴퓨터 개발에는 타협이 허용되지 않는다. 오류를 일으키는 원인을 철저하게 발견하여 제거하는 것은 양자컴퓨터 개발자로서 피할 수 없는 숙명이다.

오류 정정을 제대로 할 수 있게 되면 연산할 때마다 오류를 정정하여 노이즈나 오차를 리셋할 수 있다(그림 5-5의 아래 그림). 이를 통해 몇 번이고 연산을 반복하는 복잡한 계산에서도 신뢰할 만한 답을 낼 수 있다. 양자컴퓨터는 오류 정정 기능을 갖추어야만 비로소 안심하고 사용할 수 있는, 쓸 만한 양자컴퓨터가 된다.

현재 양자컴퓨터 개발은
어디까지 왔나

양자컴퓨터 개발 붐이 한창인 지금, 세계 각국의 연구 기관과 기업에서 여러 방식으로 양자컴퓨터 개발을 진행하고 있다. 그 선두를 달리는 IBM과 구글 등 거대 IT 기업에서는 이미 50개 정도의 양자비트를 탑재한 초전도 회로 방식의 양자컴퓨터가 동작하는 것을 확인했다. 또한 초전도 회로를 비롯한 일부 방식에서는 연산 오류 비율을 오류 정정 손익분기점인 1퍼센트보다 낮게 억제하는 수준에 도달했다.

하지만 이런 양자컴퓨터는 아직 규모가 작고, 오류를 정정하면서 계산할 수 없다. 4장에서 양자컴퓨터가 고속으로 풀 수 있는 문제로 데이터베이스 검색, 화학 계산, 소인수분해, 연립 1차방정식 등을 소개했다. 이런 문제를 실용적인 수준에서 풀려면 100만 개에서 1억 개 이상의 양자비트가 필요한 것으로 추정된다. 현재 양자컴퓨터의 양자비트 개수는 100개도 되지 않으니, 차원이 다르다고 할 수 있다. 양자컴퓨터는 앞으로 엄청나게 양자비트를 늘려야 한다. 그렇게 생각하면 양자컴퓨터는 아직은 실용화될 수 없고 이제 막 출발 지점에 섰다고 생각하는 편이 옳을 것이다. 지나친 기대는 금물이다.

혹시 '현재 수십 개의 양자비트를 탑재한 장치를 만들 수 있다면, 그것을 많이 연결해서 대규모 양자컴퓨터를 만들 수는 있지 않을까?' 라고 생각하는 사람이 있을지도 모르겠다. 하지만 아쉽게도 그렇게 간단한 이야기가 아니다. 1장에서 지금의 양자컴퓨터와 쓸 만한 양자컴퓨터의 차이는 레고블록으로 만든 장난감 자동차와 진짜 F1 레이싱카와 마찬가지라고 설명한 것을 기억하는가? 레고블록 장난감 차의 구조를 유지한 채 크기만 키워서 진짜 레이싱 카를 만들 수 있을까? 작은 장난감이라면 레고블록으로 충분하겠지만, 크기를 크게 만들려고 하면 강도, 내구성, 공기 저항, 조작성 등 이제까지 생각할 필요가 없었던 새로운 과제가 잇달아 등장한다. 양자컴퓨터도 크기를 크게 만들수록 새로운 과제와 직면하므로, 지금과 완전히 같은 기술의 연장선상에서 대규모 양자컴퓨터를 만들 수는 없다.

앞으로 실용적으로 도움이 되며 오류를 정정할 수 있는 양자컴퓨터를 만들려면, 오랜 기간에 걸쳐서 기술을 개발해야 한다. 그림 5-6에서 보는 바와 같이 양자비트의 개수를 몇 자리나 늘리려면 동시에 연산 오류 비율도 몇 자리나 낮춰야 하기 때문이다. 지금은 전 세계에서 양자컴퓨터에 대한 기대가 높아서 적극적으로 투자가 이뤄지고 있다. 하지만 기술 개발은 길게 봐야 하는 프로젝트다. 지금의 양자컴퓨터는 지나치게 높아진 기대에 충분히 부응하지 못하고 있다. 열기가 식었을 때 양자컴퓨터에는 시련이 찾아올 가능성도 있다. 하지만 어떻게든 이 시련을 이겨내고 실용적인 수준의 양자컴퓨터를 실현해야 한다. 그러

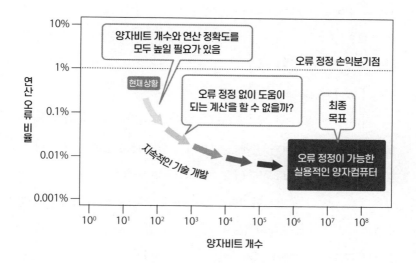

그림 5-6 앞으로의 양자컴퓨터 개발 흐름

려면 소규모이고 오류를 정정할 수 없는 양자컴퓨터라도 잘만 활용하면 도움이 되는 계산을 할 수 있도록 단기적인 목표를 설정하여 연구를 진행하는 것도 중요하다. 단기적인 목표를 이뤄가면서 계속 기술을 개발하여, 최종 목표인 오류를 정정할 수 있는 대규모 양자컴퓨터를 만드는 것이 양자컴퓨터 개발의 로드맵이다.

양자컴퓨터 개발의
주요 방식 네 가지

양자컴퓨터는 현재 다양한 방식으로 개발되고 있다. 여기서는 주요한 개발 방식을 소개할 것이다. 앞에서 설명한 대로 양자컴퓨터를 만들려면 양자를 사용해서 양자비트의 정보를 나타낸 다음, 그 양자의 성질을 방해물로부터 보호해서 안정적으로 유지해주는 것, 그리고 낮은 오류 비율로 정확하게 조작할 수 있는 것이 최소한의 조건이다. 하지만 최종적으로 양자컴퓨터를 계산에 이용하려면 여러 가지 필요한 조건이 있다.

현대의 컴퓨터는 트랜지스터라는 전기 스위치가 주역이다. 하지만 트랜지스터가 발명되기 전에는 릴레이나 진공관이라고 불리는 다른 형태의 전기 스위치로 컴퓨터를 개발했다. 트랜지스터에는 릴레이나 진공관을 압도하는 강점이 있다. 우선 작게 만들 수 있어서 집적화할 수 있다. 그 덕분에 현대의 컴퓨터는 손바닥 위에 올라갈 정도로 작아도 고도로 복잡한 계산을 처리할 수 있다. 게다가 트랜지스터는 1초에 10억 회 이상의 초고속으로 ON과 OFF를 전환할 수 있다. 그래서 1회 계산을 매우 고속으로 실행한다. 이것을 컴퓨터 용어로 '클럭 주파수가 높다'고 한다. 이런 압도적인 강점으로 인해 트랜지스터가 발명되자 릴레이와 진공관은 쇠퇴했다.

양자컴퓨터를 개발하는 데도 이런 집적화의 용이성이나 동작의 고속성은 중요하다. 또한 동작을 위해 냉각이나 진공을 위한 특수한 장치가 필요한지 여부도 사용의 편의성과 관계 있다. 그림 5-7에 대표적인 네 가지 방식을 정리했는데, 어느 방식이든 장단점이 있다. 양자비트의 개수와 연산 정확도라는 관점에서 보면, 지금은 초전도 회로 방식과 이온 방식의 개발이 가장 앞서 있다. 그러나 양자컴퓨터 개발은 아직 출발 지점에 있다. 앞으로 장기간에 걸쳐서 연구 개발하면 어느 방식이 더 발전할지는 알 수 없다. 어쩌면 몇 가지 방식을 조합한 하이

그림 5-7 대표적인 양자컴퓨터 방식 비교

구글과 IBM이 개발 중이며
현재 가장 주류

초전도 방식과 규모는
비슷하지만, 연산 정확도는 최고

	초전도 회로 방식	이온 방식
양자비트 0과 1을 표현하는 방식	초전도 상태인 전기회로의 두 가지 상태	이온 한 개 안의 전자가 궤도에 들어가는 두 가지 방식
장점	◎ 오류 비율 1% 이하 ◎ 집적화 가능	◎ 오류 비율 1% 이하 ◎ 양자비트 안정
단점	X 양자비트 불안정 X 냉동기 필요	X 일부 연산은 저속 X 진공 용기 필요

아직 규모는 작지만,
인텔도 집적화를 기대

특유의 장점을 가지며
통신도 가능한 주목 대상

	반도체 방식	광 방식
양자비트 0과 1을 표현하는 방식	반도체 기판 안에 가둔 전자 한 개가 가지는 자성의 두 방향	광자 한 개의 파동 진동 방향 두 가지
장점	◎ 고밀도로 집적 가능	◎ 실온·공기 중에서 작동 ◎ 고속 연산
단점	X 오류 비율이 아직 높다 X 냉동기 필요	X 오류 비율이 아직 높다 X 일부 연산은 확률적

브리드 방식이 나타날 수도 있고, 완전히 새로운 방식이 발명되어 형세가 역전될 수도 있다.

현재 양자컴퓨터 개발에서 아직 어떤 것이 트랜지스터처럼 최후의 승자가 될지 알 수 없는 상황이다. 1장에서 소개했듯, 현대의 컴퓨터는 트랜지스터 발명 후에 '트랜지스터의 개수가 1년 반마다 두 배'가 된다는 무어의 법칙을 따라 착실하게 규모가 커졌다. 그러나 가장 유력한 방식이 정해지지 않은 상황에서는 '양자판 무어의 법칙'과 같은 것은 아직 없다. 앞으로 양자컴퓨터가 어떻게 발전할지는 아무도 예상할 수 없다는 말이다.

이제부터 그림 5-7에서 소개한 네 가지 양자컴퓨터 방식의 원리를 간단히 소개하겠다. 참고로 광 방식은 내가 진행하고 있는 연구다. 내가 하는 연구에 관해서는 6장에서 구체적으로 소개하겠다.

양자컴퓨터 개발 방식 1
초전도 회로 방식

현재 가장 앞서 있고 세계에서 가장 많이 사용하는 방식이 초전도 회로를 사용한 양자컴퓨터다. 2019년에 구글은 "슈퍼컴퓨터로도 풀려면 1만 년이 걸리는 문제를 양자컴퓨터로 200초 만에 풀었다"라고 발표했다. 이때 사용한 것도 53개의 양자비트를 가지고 평균 99퍼센트 이상의 정확도로 연산할 수 있는 최첨단 초전도 양자컴퓨터였다. 또 IBM은 독자적으로 개발한 초전도 양자컴퓨터를 전 세계의 누구라

그림 5-8 초전도의 성질과 응용 분야

금속

전자는 방해받으면서 진행
(전기저항이 있다)

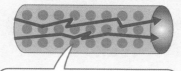

충돌해서 전자의 양자 성질이 깨진다

↓ 저온으로 냉각한다

초전도 상태 금속

전자는 방해받지 않고 거침없이 진행
(전기저항이 없다)

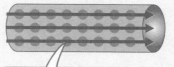

전자의 양자 성질이 잘 깨지지 않는다

초전도를 이용하는 기술

리니어모터카   MRI 장치

도 무료로 사용할 수 있도록 2016년부터 인터넷에 공개했고, 2019년에는 초전도 양자컴퓨터를 판매하기 시작했다. 아직 실용적인 수준은 아니지만, 초전도 양자컴퓨터는 누구라도 사용할 수 있고 누구라도(돈만 있다면) 살 수 있을 정도로 양자컴퓨터업계의 최전선을 달리고 있다. 그래서 양자컴퓨터라고 하면 초전도 방식밖에 없다고 생각하는 사람도 있는 것 같다(사실은 그렇지 않다).

초전도라는 단어를 들어본 적이 있는가? 차량을 공중에 띄워서 이동하는 리니어모터카나 병원에서 몸 안을 조사하는 MRI 장치에도 이용하는 기술이다(그림 5-8). 초전도란 금속 등을 아주 낮은 온도로 냉각하면 전기저항(전기가 흐르기 어려운 정도)이 제로가 되는 현상을 말한다. 대개 금속에는 전기저항이 있는데, 전기 흐름을 담당하는 전자가 금속 안을 이동할 때 금속을 구성하는 원자의 양성자나 중성자 등과 충돌해서 움직임을 방해받기 때문이다. 그런데 초전도 상태인 금속 안에서 전자는 전혀 방해받지 않고 자유롭게 돌아다닐 수 있다. 그 결과 전자의 양자 성질이 잘 깨지지 않고 양자컴퓨터에 이용할 수 있는 것이다.

초전도 양자컴퓨터 본체는 그림 5-9의 위 그림처럼 전기회로 칩이다. 회로를 잘 설계한 후에 칩을 냉각해서 초전도 상태로 만들면 회로 안에서 중첩 상태를 만들 수 있다. 예를 들어 전극 두 장이 서로 마주하는 구조를 만들고 전자가 어느 쪽의 전극에 있는지로 0과 1을 나타낸다면, 이런 구조 하나로 0과 1의 중첩인 양자비트를 표현할 수 있다. 이렇게 만든 회로에 외부로부터 전기 신호를 보내면 전자의 움직임을 조종해서 양자비트의 연산을 실행하거나, 양자비트가 0인지 1인지를 측

그림 5-9 초전도 회로 방식 양자컴퓨터

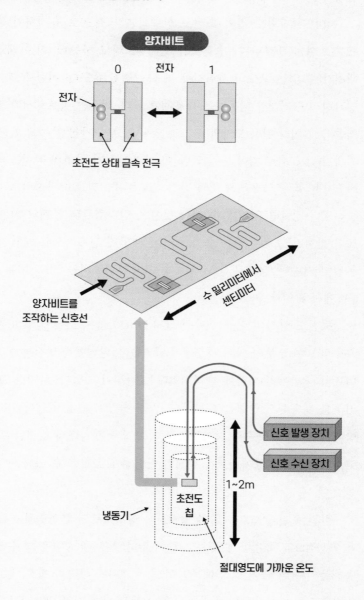

양자비트

0 전자 1

전자

초전도 상태 금속 전극

양자비트를
조작하는 신호선

수 밀리미터에서
센티미터

신호 발생 장치

신호 수신 장치

1~2m

냉동기

초전도
칩

절대영도에 가까운 온도

정해서 읽어내거나 할 수 있다.

이런 전기회로 칩의 초전도 상태를 안정적으로 유지하기 위해 -273℃까지 냉각한다. 이 온도를 절대영도라고 하는데, 이 아래로는 내려갈 수 없는 온도의 하한값에 매우 근접한 온도다. 이런 온도까지 냉각하려면 거대한 냉동기를 사용해야 한다. 내부는 마트료시카 인형처럼 몇 겹이나 같은 모양의 구조로 되어 있으며, 가장 안쪽에 있는 용기에 초전도 회로 칩이 들어 있다. 이 칩과 냉동기 바깥의 장치를 연결하는 케이블을 사용해서 칩과 전기 신호를 주고받으며 양자비트를 조종하거나 정보를 읽어낼 수 있는 것이다. 양자컴퓨터 본체의 칩은 비교적 작지만 그것을 담는 용기가 크기 때문에 전체적으로 보면 제법 몸집이 커진다. 실제로 IBM의 초전도 양자컴퓨터는 그림 5-10과 그림 5-11에서 확인할 수 있다.

초전도 양자비트는 1999년 당시 NEC의 연구소에서 일하던 나카무라 야스노부와 짜이 자오쉔이 발명했다. 발명했을 당시에는 양자비트의 중첩이 순식간에 깨져버린다는 난점이 있었다. 하지만 그 후 연구를 계속해서 중첩을 유지할 수 있는 시간이 현격히 길어졌다. 이 방식은 칩 위에 다수의 양자비트를 자유롭게 배치해서 집적할 수 있고, 전기 신호로 양자비트를 비교적 간단하게 조작할 수 있다는 장점이 있다.

한편 초전도 회로는 다른 방식보다 양자비트가 불안정하고, 중첩을 안정적으로 유지할 수 있는 시간이 짧다. 칩 위에 중첩을 깰 수 있는 방해물이 아직 숨어 있기 때문일 것이다. 게다가 하나의 칩 안에 많은 양자비트를 배치할수록 해결해야 할 여러 가지 문제가 발생해서 양자

그림 5-10 IBM의 초전도 양자컴퓨터의 겉모습 중앙의 큰 용기가 냉동기 (사진 제공: Andy Aaron, IBM)

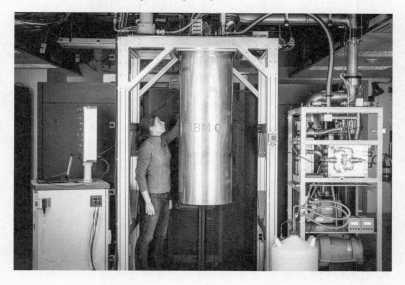

그림 5-11 IBM의 16큐비트 프로세서(사진 제공: IBM)

비트를 정확하게 조종하기가 어려워진다. 예를 들어 어떤 양자비트만 조작하려 했는데, 근처에 있는 다른 양자비트에도 영향을 미쳐서 오류가 일어나거나 하는 것이다. 이런 과제를 극복하기 위해 회로 설계와 제작 방법을 고안하는 연구가 진행되고 있다.

양자컴퓨터 개발 방식 2
이온 방식

초전도 회로 방식보다 역사가 오래되었으며, 초전도 회로 방식과 어깨를 나란히 할 만한 규모의 양자컴퓨터를 개발한 것이 이온 방식이다. 이온 방식은 초전도 회로 방식과 비교해도 양자의 성질을 오래 안정적으로 유지할 수 있고 연산 정확도도 높다는 강점을 가진다. 다만, 뉴스에서 별로 소개되지 않아서 초전도 회로 방식은 들은 적이 있지만 이온 방식은 모르겠다는 사람도 많을 것이다. 벤처기업 몇 군데에서 개발하고 있으며, 2018년에는 이온큐IonQ라는 기업이 79개 이온으로 구성된 양자비트를 조작할 수 있는 최대 양자컴퓨터를 실현했다고 발표했다.

이온이란 양전하나 음전하를 띠는 원자를 의미한다. 요시노 아키라는 리튬이온 전지를 발명한 공로로 2019년에 노벨 화학상을 받았는데, 전지에 있는 많은 리튬 원자가 양전하를 띠는 이온이 되어 전기를 흘리거나 저장할 수 있었다. 이온 방식 양자컴퓨터는 이온 하나하나를 양자비트로 사용한다. 이온의 중심에는 양성자와 중성자가 있고, 그 주위에 전자가 들어갈 수 있는 궤도가 몇 개 있다. 하나의 전자에 주목해서 그 전자가 두 궤도 중 어느 쪽에 있는지를 가지고 0과 1을 나타낸다면, 이온 한 개로 0과 1의 중첩인 양자비트 한 개를 표현할 수 있다(그림 5-12의 위 그림).

이온 한 개로 양자비트 정보를 나타냈다고 해도 방해하는 원자나 분자와 충돌하면 정보는 깨진다. 그래서 먼저 불필요한 원자나 분자가 없는 진공 용기를 만들고, 그 안에 사용하고 싶은 이온만을 담는다. 그리고 이온은 용기 벽에 충돌하면 안 된다. 그래서 이온이 무엇과도 접촉하지 않게 공중에 띄운다. 그것이 가능한지 궁금해할 수도 있지만, 사실은 간단하다. 같은 전하를 띠는 물질끼리는 서로 반발하고, 반대되는 전하를 띠는 물질끼리는 서로 끌어당긴다고 초등학교에서 배웠을 것이다. 이것을 이용해서 진공 용기 안에 금속 전극을 배치해서 이온에 적절하게 전기력을 가한다. 그러면 진공 용기 안의 한 점에 정확하게 이온이 뜬 상태로 멈추게 된다(그림 5-12의 아래 그림). 많은 양자비트를 준비하고 싶으면 많은 이온을 공중에 띄워서 배열하면 된다. 이렇게 해서 방해물이 없는 공간에 띄운 이온의 양자비트는 매우 안정적이어서, 매우 긴 시간 동안 중첩을 유지할 수 있다.

이온 양자비트를 조작하려면 이온 하나하나에 레이저 광선을 쏘아서 이온 안의 전자를 조종한다. 실행하고 싶은 연산 순서에 맞춰서 늘어선 이온에 레이저 광선을 차례로 쏘면 된다. 마지막으로 계산 결과를 읽으려면 이온에 읽기 전용 레이저 광선을 쏜다. 이때 이온의 반응을 보면 0과 1 중 어느 상태인지 조사할 수 있다.

이온 방식 양자컴퓨터의 장점은 매우 정확하게 연산할 수 있다는

그림 5-12 이온 방식 양자컴퓨터

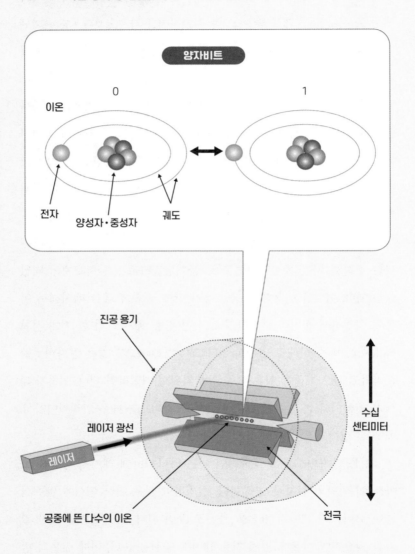

양자비트

0   1

이온

전자   양성자·중성자   궤도

진공 용기

레이저 광선

레이저

공중에 뜬 다수의 이온   전극

수십 센티미터

점이다. 초전도 회로의 양자비트는 인간이 만들어낸 것이라서 제조 오차가 있고, 양자비트마다 성질이 미묘하게 달라진다. 하지만 자연계에 존재하는 이온은 신이 만든 것이므로 제조 오차 따위는 없다. 이온이 많이 있어도 본질적으로 모두 같은 성질을 가진다. 그래서 모든 양자비트를 매우 정밀하게 조작하기가 쉽다. 이런 이유와 양자비트 자체의 높은 안정성 덕분에 이온 방식의 연산 정확도는 현존 방식 중 최고이며 99.9퍼센트 이상의 정확도를 달성했다.

한편 이 방식의 한계는 한 개의 진공 용기 안에 가두어 조종할 수 있는 이온의 숫자가 수십 개뿐이라는 점이다. 그래서 양자비트 개수를 쉽게 늘릴 수 없다. 이를 해결하기 위해 수십 개의 이온을 조종할 수 있는 소규모 양자컴퓨터를 많이 만들어서 그것을 연계시켜 대규모 양자컴퓨터로 만드는 방법이 연구되고 있다. 또한 다른 방식과 비교할 때 일부 연산(양자 XOR 등)을 하는 데 엄청난 시간이 걸린다는 약점도 있다. 이대로라면 다른 방식보다 계산이 훨씬 느린(클럭 주파수가 낮은) 양자컴퓨터가 되어버리므로 이 과제를 극복하는 방법도 연구가 진행 중이다.

양자컴퓨터 개발 방식 3
반도체 방식

현대 컴퓨터의 두뇌에 해당하는 CPU 칩에는 트랜지스터가 10억 개 정도 들어 있고, CPU는 반도체로 만든다. 세상에는 알루미늄이나 철처럼 전기가 통하는 재료와 유리나 고무처럼 전기가 통하지 않는 재료가 있다. 반도체는 그 중간의 성질을 가지는데, 대표적으로는 실리콘이나 게르마늄이 있다. 이런 재료는 조건에 따라 전기를 통하기도 하고 통하지 않기도 하므로 전기 흐름을 제어하는 트랜지스터를 만들기에는 안성맞춤인 재료다.

컴퓨터 산업의 발전 덕분에 불순물이 없는 고품질 반도체를 만드는 기술과 이러한 반도체를 사용해서 트랜지스터와 같은 나노미터 크기의 작은 부품을 가공하는 기술이 매우 발전했다. 이런 기술을 양자컴퓨터에 응용하는 것이 반도체 방식의 양자컴퓨터다. 반도체 방식의 양자컴퓨터는 초전도 회로 방식보다 크기가 훨씬 작아서 현대의 트랜지스터에 필적한다. 그래서 많은 양자비트를 높은 밀도로 집적할 수 있을 것으로 기대한다. 현시점에서는 초전도 회로나 이온 방식만큼은 개발되지 않았지만, 착실하게 기술을 축적하고 있다. 그 장래성을 내다보고 대형 반도체 제조사인 인텔이 반도체 양자컴퓨터 개발에 투자하고 있다.

최근 유력해 보이는 방식은 반도체의 한 곳에 전자를 가두고 양자비트로 사용하는 것이다. 그림 5-13처럼 반도체 칩 위에 다른 종류의 반도체 박막을 몇 겹으로 덧대는 특수한 구조를 만든다. 그러면 전자를 박막과 박막 사이의 2차원 평면에 가둘 수 있다. 게다가 표면에 금속 전극을 붙여서 마이너스 전기를 가지는 전자에 전기력을 가하면 전자를 반도체 안의 한 곳에 가둘 수 있다. 이렇게 가둔 전자를 배열해서 각각을 양자비트로 사용한다. 전자 하나하나는 작은 자석과 같은 성질을 가진다(이것을 스핀이라 부른다). 자석의 S극과 N극의 방향이 위로

그림 5-13 현대의 컴퓨터와 비교했을 때 양자컴퓨터가 노이즈와 오차에 약한 이유

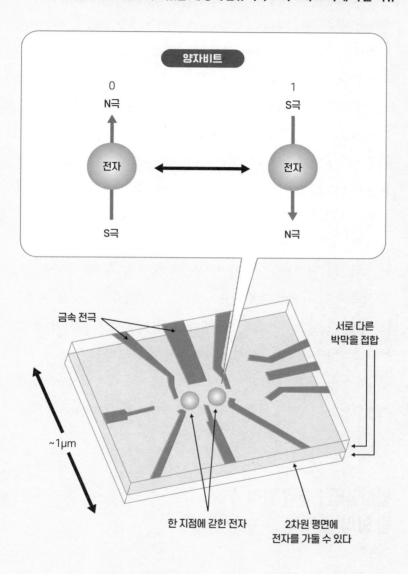

향하는지, 아래로 향하는지에 따라 0과 1을 나타낼 수 있어서 전자 하나로 양자비트 하나를 표시할 수 있다. 주위의 금속 전극에 전기 신호를 보내면 자석의 방향을 조작해서 양자비트 연산을 실행하거나 자석의 방향을 조사해서 양자비트가 0인지 1인지 읽어낼 수도 있다.

반도체 칩을 다루는 것은 그림 5-9의 위 그림에서 볼 수 있는 초전도회로 칩을 다루는 것과 비슷하다. 칩은 전자의 양자 성질을 안정적으로 유지하기 위해 냉동기 안에서 매우 낮은 온도로 냉각된다. 그 후에 칩과 냉동기 바깥의 장치를 연결하는 케이블을 사용해서 칩과 전기 신호를 주고받으며 양자비트를 조작하고 결과를 읽어낸다.

최근에는 반도체 중에서도 실리콘을 사용한 양자컴퓨터가 주목받고 있는데, 아직은 1~2양자비트를 조작하는 수준이라서 기술적으로 갈 길이 멀다. 연산 오류 비율도 초전도 회로 방식이나 이온 방식보다 떨어진다. 앞으로는 오류 비율을 낮추기 위해 전자 양자비트를 방해하는 요인을 반도체 칩에서 제거하거나, 전극에 보내는 신호를 고안하거나 하는 노력이 필요할 것이다. 또한 반도체칩 위에 양자비트를 많이 배열해서 조작하기 위한 칩 설계에 관해서도 연구가 진행되고 있다.

양자컴퓨터 개발 방식 4
광 방식

전류를 잘게 쪼개어 나누면 전자라는 입자의 흐름이 된다고 고등학교 물리 시간에 배웠을 것이다. 마찬가지로 평소에 보는 태양이나 조명의 빛을 잘게 분할하면 광자라고 하는 입자의 흐름이라는 것도 배웠을 것이다. 광자는 빛의 양자로, 이것을 사용한 양자컴퓨터도 만들 수 있다. 광자를 사용한 방식은 다른 방식에는 없는 독특한 장점이 있다. 이 장점에 주목해서 사이퀀텀PsiQuantum이나 재너두Xanadu 등 광양자 컴퓨터를 만드는 벤처기업도 몇 곳 등장했다.

광자는 다른 양자보다 '이상한 녀석'이다. 빛은 대기 중에서도 거의 약해지지 않고 직진해서 멀리까지 간다. 이것은 광자가 일상적인 환경에서도 잘 깨지지 않는 성질이 있다는 의미다. 그래서 초전도 회로 방식이나 이온 방식, 반도체 방식에서 필요했던 저온으로 냉각하기 위한 냉동기나 진공 용기가 필요 없으므로 다루기가 아주 쉽다. 또한 빛은 광섬유를 사용한 인터넷 통신에 이용할 정도로 정보를 주고받기에 적합하다. 빛으로 양자컴퓨터를 만들 수 있다면, 광자를 그대로 광섬유에 통하게 하는 것만으로도 다른 광양자 컴퓨터와 정보를 주고받을 수 있는 것이다. 이에 비해 다른 방식의 양자컴퓨터로 통신하려면 양자비트 정보를 일단 빛으로 옮기고 나서 정보를 보내야 하므로 번거롭다. 게다가 빛은 고속 데이터 통신에 사용할 정도로 정보를 빨리 처리하기에도 적합하다. 즉 매번 연산을 고속으로 처리할 수 있는 양자컴퓨터를 만들 가능성도 있다.

빛은 공간 속을 진동하면서 진행하는 파동이다. 이 파동의 진동 방향이 세로 0, 가로 1이라고 한다면, 광자 한 개로 양자비트를 표현할 수 있다(그림 5-14의 위 그림). 광자 양자비트는 초전도 회로 방식이나 이온 방식, 반도체 방식에서의 양자비트와 달리 한곳에 담아둘 수 없으므로, 항상 빛의 속도로 이동한다. 그래서 그림 5-14의 아래 그림처럼 광자

그림 5-14 광 방식 양자컴퓨터

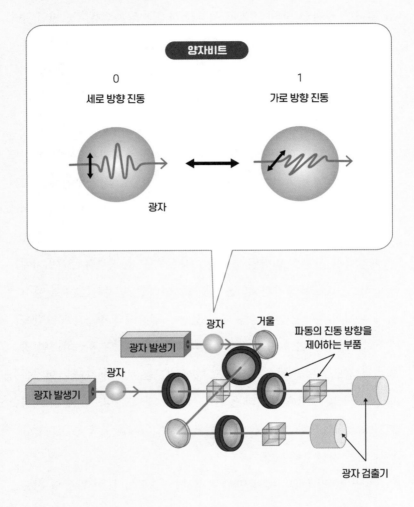

가 진행하는 경로를 따라 다양한 부품을 배치해서 광자 파동의 진동 방향을 바꾸거나 광자와 광자를 간섭시켜 계산을 수행할 수 있다. 마지막으로 광자 검출기를 사용해서 광자 파동의 진동 방향을 측정하면 계산 결과를 읽어낼 수 있다.

양자컴퓨터 개발 초기의 실험에서는 광자를 사용한 방식이 주요 방식 중 하나였다. 광자 한 개를 만들거나 조작하거나 측정하는 기술이 비교적 일찍 성숙했기 때문이다. 한편 광양자 컴퓨터가 잘 처리하지 못하는 것 중 하나는 두 개의 양자비트 사이의 연산(양자 XOR 등)이다. 2양자비트 사이의 연산을 처리하려면, 한쪽 광자의 0과 1 상태에 맞춰서 다른 한쪽 광자의 0과 1 상태가 변하도록 동작시켜야 한다. 그러려면 광자와 광자가 서로 소통하는 연계 플레이가 필요하다. 하지만 광자와 광자는 공중에서 부딪혀도 서로 무시하고 그냥 지나쳐버릴 정도로 개인 플레이 성향이 강해서 연계 플레이는 잘하지 못한다.

현재 2양자비트 연산은 확률적으로 처리하는 특수한 방법으로 대신하고 있으며, 확실하게 연산하는 방법을 연구 중이다. 광 방식의 다른 문제로는 광자가 다양한 부품 안을 진행하는 도중에 뭔가에 흡수되거나 바람직하지 않은 방향으로 날아가버리거나 해서, 양자비트가 사라져버리는 오류가 생길 수 있다는 점이다. 이런 이유도 있어서 광 방식 연산 정확도는 아직 충분하지 않다. 이런 문제를 해결하기 위해 다양한 연구가 진행 중이다. 우리 연구팀이 접근하는 방법에 관해서는 6장에서 소개하겠다.

양자컴퓨터의
미래

　지금까지 소개한 네 가지 방식 외에도 다양한 방식의 양자컴퓨터가 연구 중이다. 예를 들어 다이아몬드 결정 안의 전자나 원자를 사용하는 것이나 마요라나 입자라는 특수 입자를 사용하는 위상 양자컴퓨터 등이 유명하다. 하지만 모두 아직 기초 연구 단계라고 할 수 있다.

　얼핏 보면 현재의 양자컴퓨터 업계는 초전도 회로 양자컴퓨터가 우세해 보인다. 그런데 어느 방식에나 기술적으로 문제가 있어서 장기적으로 보면 어느 방식이 가장 유력한 후보가 될지 알 수 없다. "우리의 생활을 바꿀 만한 양자컴퓨터는 몇 년 후에 만들어질까요?"라는 질문을 받는 일도 자주 있다. 하지만 그것이 어떤 방식일지도 아직 모르고, 미해결 과제가 많이 남아 있어서 몇 년 후라고 예상하는 것은 불가능에 가깝다. 수십 년 이상 걸릴 가능성도 있고, 어느 날 갑자기 엄청난 기술을 발명해서 실현될 수도 있다. 그러므로 앞으로도 양자컴퓨터가 어떻게 개발될지 눈을 뗄 수 없다.

실제로 양자컴퓨터를
사용해보자

　　이 책을 읽고 있는 여러분도 진짜 양자컴퓨터를 지금 바로 사용해
볼 수 있다. IBM이 2016년에 공개한 IBM Q Experience라는 서비스
를 이용하면 인터넷을 통해 누구라도 IBM의 초전도 양자컴퓨터를 이
용할 수 있다. 어떤 양자비트에 어떤 연산을 어떤 순서로 수행하게 할
지 명령을 보내면, IBM이 보유한 초전도 양자컴퓨터가 명령에 따라 동
작해서 그 결과를 가르쳐준다. 꿈의 컴퓨터를 자신의 손으로 동작시킬
수 있다니, 왠지 가슴 설레지 않는가? 5양자비트의 양자컴퓨터까지는
누구라도 무료로 이용할 수 있으므로 한번 사용해보자. 참고로 이 서
비스의 홈페이지는 전부 영어로 되어 있다. 검색해보면 외국어로 사용
법을 설명하는 페이지도 있으므로 영어에 자신이 없다면 참조해도 좋
을 것이다. 그리고 실제로 이 양자컴퓨터를 사용하려면 이 책에 있는
지식만으로는 부족하다. 양자비트와 양자 논리연산을 수학적으로 다
루는 법을 다른 서적으로 공부해두면 좋을 것이다.

　　IBM Q Experience를 대략적으로 소개하겠다. 먼저 초기 화면에
접속한다(https://www.research.ibm.com/ibm-q/technology/experience/).
처음에는 계정을 등록해야 한다. 등록을 마쳤으면 로그인한다. 'Cir-

그림 5-15 IBM Q Experience에서 회로 작성

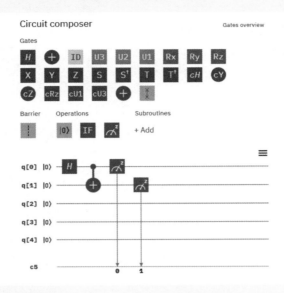

그림 5-16 실행 결과 표시

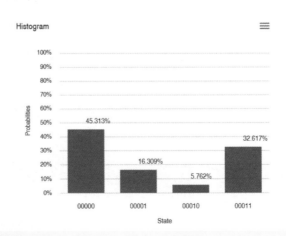

cuit composer'를 선택하면 그림 5-15와 같은 화면이 나타난다(https://quantum-computing.ibm.com/composer/files/new). 이 화면 아래쪽에는 다섯 개의 양자비트(q[0]~q[4])에 해당하는 다섯 개의 선이 있다. 수행하고 싶은 연산을 배치하면 이것만으로 양자컴퓨터 회로도가 완성된다. 계산 실행 버튼을 클릭하면 이 회로도가 IBM에 보내진다. IBM에서는 이 회로도의 동작을 초전도 양자컴퓨터 칩이 반복 실행하게 해서 계산 결과 분포를 조사한다. 조금 기다리면 그림 5-16과 같은 결과를 볼 수 있다. 실제로는 그림 5-15와 같은 회로도를 그리는 대신, 전용 언어로 프로그램을 작성할 수도 있다. 여러 가지로 도전해보면 이해가 깊어질 것이다.

| 5장 요약 |

⟳ 양자컴퓨터를 만들기 어려운 이유는 예민한 양자 하나하나를 각종 방해물로부터 보호하고, 한없이 정확하게 조종해야 하기 때문이다.

⟳ 현재의 양자컴퓨터는 아직 규모가 작고 오류 정정 기능도 없다. 앞으로는 규모와 오류 비율 모두 몇 배나 개량해서 오류 정정 기능을 갖춘 양자컴퓨터를 목표로 해야 한다.

⟳ 대표적인 방식으로는 가장 주류이며 연구가 진행된 초전도 회로 방식, 이와 어깨를 나란히 할 정도인 이온 방식, 집적화에 적합한 반도체 방식, 독특한 장점이 있는 광 방식 등이 있으며, 어느 방식이나 장단점이 있다.

⟳ 양자컴퓨터 개발은 아직 출발 지점에 있어서 미해결 과제도 많이 있다. 아직 어느 방식이 최후의 승자가 될지 판단하기는 어렵고, 앞으로 어떻게 발전할지도 예상할 수 없다.

6장

지극히 현실적인
광 양자컴퓨터 개발 현장의
최전선

양자컴퓨터 개발의
현실

　드디어 이 책의 마지막 장이다. 이번 장에서는 내가 진행하는 양자
컴퓨터 연구 개발 내용을 소개하면서 연구 개발 최전방의 생생한 분위
기를 이야기하고 싶다. 이 내용은 실제로 양자컴퓨터 개발에 종사하는
사람만이 할 수 있는 이야기라고 생각한다. 양자컴퓨터라는 단어가 가
지는 세련된 이미지와 달리 결코 멋지다고 할 수 없고, 오히려 투박한
현장을 볼 수 있을 것이다.

　5장에서 초전도 회로·이온·반도체·광 방식 등 여러 방식으로 양
자컴퓨터 개발이 진행되고 있다고 소개했다. 어떤 원리로, 어떤 장치를
사용해서 개발하는지에 관해 조금은 이해할 수 있었으리라 생각한다.
어떤 방식이든 아직 기술적인 과제는 너무도 많다. 이렇게 말해도 많은
사람들은 전 세계의 연구자들이 어떻게든 해결할 수 있는 수준의 과제
일 테고, 조만간 더 좋은 양자컴퓨터가 나올 것이라고 기대할 것이다.

하지만 진짜 연구 현장을 본다면 현실이 그렇게 만만하지 않다는 것을 알 수 있다. 양자컴퓨터 개발은 노력하면 어떻게든 되는 종류의 일이 아니다. 이미 실현된 소규모 양자컴퓨터조차도 몇 십 년에 걸친 기술이 축적되어 가능해진 것이다. 지금도 연구 개발 현장은 한 치 앞이 보이지 않는다. 방법을 바꿔서 실패하는 과정을 반복하고, 해결의 실마리를 하나씩 찾아간다. 해결의 실마리는 보이지 않고 사방이 막힌 것처럼 느껴질 때도 있다.

그렇다고 하면 양자컴퓨터 개발은 참기 어려운 고행처럼 들릴 것이다. 하지만 실제 연구자와 기술자는 오히려 이런 퍼즐을 즐기면서 풀어나간다. 양자컴퓨터 개발은 연구자들이 퍼즐을 풀 때마다 한 걸음씩 착실하게 전진하고 있다.

내가 광 양자컴퓨터 연구를 시작한 계기

나는 현재 광 방식 양자컴퓨터 연구 개발에 종사하고 있다. 내가 이 연구 분야에 발을 들여놓은 것은 2009년이었다. 도쿄대학교 공학부 물리공학과 4학년이었던 당시 나는 졸업 논문을 쓰기 위해 연구실을 고르는 중요한 일을 앞두고 있었다. 그러던 중 후루사와 아키라 교수의 실험실을 견학했다. 후루사와 아키라 교수는 세계 최초로 양자 텔레포테이션이라는 신기한 현상을 빛을 사용하여 완전히 실현한 것으로 유명하고, 노벨상 후보로도 꼽힌다.

후루사와 교수의 실험실 테이블 위에는 많은 거울과 렌즈, 그것을 조작하는 수많은 수제 장치가 쭉 늘어서 있었다. 뒤죽박죽에 기계다운 느낌이 나는 장치로부터 받은 자극, 직접 만든 장치로 양자라는 신비한 세계에 다가간다는 두근거림. 영화 〈백 투 더 퓨처〉에 등장한 타임머신에 설렜던 소년 시절이 떠올랐다. 나는 그런 단순한 호기심으로 '이런 연구를 해보고 싶다'고 순간 생각했다. 그러니까 원래 양자컴퓨터를 하고 싶다고 생각해서 연구를 시작한 것이 아니다. 그리고 당시에는 지금과 같은 양자컴퓨터 붐이 일어나기 전이었다. 양자컴퓨터업계가 이만큼 활기를 띠고, 벤처기업이 잇달아 설립되고, 국가가 하나가 되어 실용화를 목표로 하는 현재의 상황은 꿈에도 상상하지 못했다.

　　그 후, 나는 실제로 후루사와 교수의 연구실에 들어가서 광 양자컴퓨터 연구 개발에 푹 빠졌다. 내가 처음 받았던 영감은 틀림없었고, 하면 할수록 연구가 즐거워졌다. 또한 양자역학만이 아니라 정보과학, 전기공학, 광학과 같은 온갖 분야의 지식을 총동원해서 양자컴퓨터를 만드는 연구에 큰 보람을 느낀다. 그로부터 지금에 이르기까지 광 양자컴퓨터에 관한 연구를 수행하고 있다. 양자컴퓨터를 만드는 데는 다양한 접근 방식이 있는데, 각 방식에 관해 알아가면서 나는 '독창적이고 세계에 뒤처지지 않는 양자컴퓨터를 만들려면 광 방식밖에 없다'고 확신했다. 현재 가장 유력하다고 여겨지는 방식인 초전도 방식이나 이온 방식 양자컴퓨터 개발에 있어서는 서구 선진국에서 세계적인 선두를 달리고 있다. 한편 나는 현재 일본에서 시작한 독창적인 광 양자컴퓨터 실현 방법을 찾아 개발을 진행하고 있다. 다행히 2019년 10월, 도쿄대학교에 독립적인 연구실을 갖출 기회가 생겨서 앞으로도 광 양자컴퓨터 연구를 계속할 생각이다.

　이제부터 내가 진행하는 광 양자컴퓨터 연구 내용을 설명하겠다. 그리고 실제 광 양자컴퓨터 장치가 어떤 것인지, 실험실 모습과 연구 현장의 분위기를 생생하게 소개하겠다.

광 양자컴퓨터 실현의 열쇠, 양자 텔레포테이션

　먼저 5장에서 소개한 광 방식 양자컴퓨터에 대해 복습해보자. 광 방식에서는 빛 입자인 광자 한 개로 양자비트 정보를 표현한다. 광자가 지나는 길이 되는 회로를 만들고, 그 안을 광자가 통과하면 계산을 수행한다. 광 방식의 장점은 냉동기나 진공 용기처럼 특수한 장치가 필요 없다는 것, 고속으로 동작하는 것, 빛을 사용한 통신도 가능하다는 것이 있다. 반대로 일부 연산(양자 XOR 등)을 처리하기 어렵고 효율적인 방법이 없어서, 몇 번이고 연산을 반복하는 복잡한 계산을 할 수 없다는 것이 단점이다.

　먼저 해결해야 하는 과제는 '일부 연산이 어렵다'는 점이다. 그래서 우리 연구팀은 양자 텔레포테이션을 사용하여 이 과제를 극복할 방법을 발견했다. 텔레포테이션이라면, 그림 6-1처럼 인간이 지구에서 달로 순식간에 이동하는 것처럼 물질의 순간이동을 떠올리는 사람이 많을 것이다. 영화나 만화에서는 그런 장면이 자주 나온다. 이런 이미지 때문에 양자 텔레포테이션도 순간이동 같은 것으로 오해받는 일이 많

그림 6-1 영화와 만화에서 등장하는 텔레포테이션의 이미지

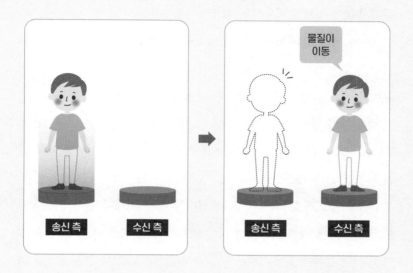

그림 6-2 팩스로 정보 이동

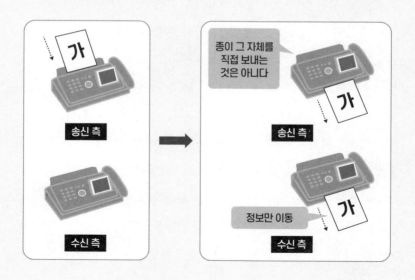

다. 하지만 아쉽게도 그런 것이 아니다. 양자 텔레포테이션은 물질은 이동하지 않고 정보만 이동하는 기술이다.

이는 팩스를 떠올리면 이해하기 쉽다. 그림 6-2처럼 팩스는 종이에 적힌 정보를 멀리 보낸다. 이때 종이라는 물질 자체를 직접 보내지는 않는다. 정보만 이동시켜서 떨어진 장소에 있는 다른 종이에 옮겨 적는 것이다. 양자 텔레포테이션은 팩스의 양자 버전이라고 생각하면 된다. 그림 6-3처럼 어떤 양자가 가지고 있는 양자비트 정보를 떨어진 곳에 있는 다른 양자에 옮기는 것이다.

이때 팩스와 양자 텔레포테이션에는 큰 차이점이 있다. 일반적인 팩스는 종이에 적힌 정보를 보낸 후에도 보내는 쪽에 정보가 남아 있다. 하지만 양자 텔레포테이션으로 양자비트 정보를 보내면, 정보를 보내는 쪽에서 그 정보가 사라진다. 양자의 성질 때문에 그럴 수밖에 없다. 이처럼 정보가 보내는 쪽에서 사라지고 받는 쪽에 나타나는 상황은 왠지 물질이 한 장소에서 사라져서 다른 장소에 나타나는 텔레포테이션과 닮았다. 그래서 양자 텔레포테이션이라는 이름이 붙은 것이다. 정말 오해받기 쉬운 이름이라 생각한다.

후루사와 교수가 양자 텔레포테이션을 세계에서 최초로 완전하게 실현한 것은 1998년의 일이다. 우리 연구팀은 양자 텔레포테이션 기술을 양자컴퓨터 연산에 응용하기로 했다. 원래 양자 텔레포테이션은 단순히 정보를 그대로 이동할 뿐이다. 하지만 조금만 머리를 굴리면 그림 6-4처럼 연산하면서 정보를 이동할 수 있다. 즉 원래의 양자가 가지는 양자비트 정보에 양자 NOT이나 양자 XOR 등의 연산을 실행하고 나서 다른 양자로 이동시키는 것이 가능한 것이다. 이렇게 하면 양자 텔레포테이션은 양

그림 6-3 양자 텔레포테이션으로 정보 이동

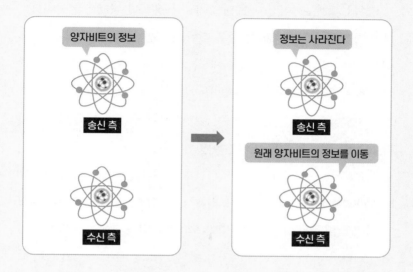

그림 6-4 양자 텔레포테이션을 사용한 연산

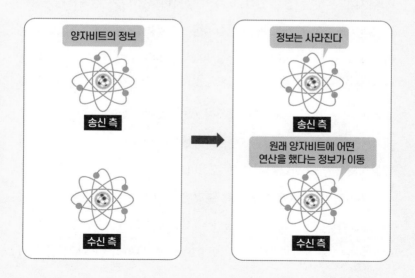

자 컴퓨터의 연산 장치로 사용할 수 있다.

양자 텔레포테이션을 연산 장치로 사용하면 어려운 연산이라도 광 양자컴퓨터가 실행할 수 있을 것이라고 생각했다. 그래서 2013년 8월에 우리 팀은 그것을 가능하게 해줄 새로운 타입의 양자 텔레포테이션 장치를 세계 최초로 실현했다.

어떤 점이 새로운지 간단하게 설명하겠다. 중요한 점은 빛이 입자와 파동의 모습을 모두 가지는 이중인격임을 이용했다는 것이다. 원래 빛은 공간을 진동하면서 전달되는 파동의 일종이라고 여겨졌다(그림 6-5의 왼쪽 그림). 하지만 양자역학에 의해 빛은 광자라고 하는 입자의 성질도 가지고 있음을 알게 되었다(그림 6-5의 오른쪽 그림). 2장에서 전자가 입자이기도 하며 파동이기도 한 것처럼 행동하는 2중 슬릿 실험에 관해 설명했는데, 빛의 양자인 광자도 마찬가지로 움직인다.

빛의 입자 성격과 파동 성격에는 각각의 특징이 있어서 잘하는 것과 잘하지 못하는 것이 있다. 광자의 양자비트를 양자 텔레포테이션하는 실험 기술은 이미 확립되어 있지만, 이 방법은 광자라는 입자의 성격에만 의존하므로 입자가 잘하지 못하는 것은 포기할 수밖에 없었다. 그 결과로 양자 텔레포테이션은 100번 가운데 한 번도 성공하기 힘든 효율이 나쁜 방법이 되었다. 그래서 빛에 정보를 실을 때는 입자 성격에 의존하고, 빛을 조종할 때는 파동 성격을 이용하기로 했다. 빛의 이중인격의 장점을 활용하기로 한 것이다.

우리는 이 방법을 사용해서 틀림없이 성공하는 새로운 타입의 양자 텔레포테이션 장치를 완성했다. 이것을 연산 장치로 사용하면 어떤 연산이라도 확실하게 실행할 수 있으므로 광 양자컴퓨터에서 일부 연

그림 6-5 파동과 입자 양쪽의 성질을 가지는 빛

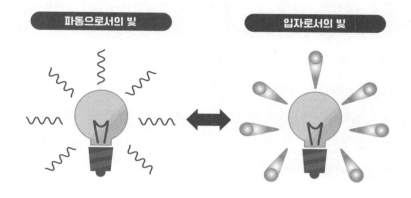

산이 어려운 단점을 극복할 수 있을 것이다. 우리 팀은 실제로 이 장치를 사용해서 이제까지 어렵다고 여겨졌던 2양자비트 연산을 실행하는 연구도 진행하고 있다. 그리고 실현까지 얼마 남지 않은 상황이다.

루프형 광 양자컴퓨터 방식으로 대규모화를 노린다

우리 팀은 양자 텔레포테이션 장치를 사용해서 광 양자컴퓨터로 확실하게 연산을 실행하는 방법을 찾아냈다. 이제 이 장치를 사용해서 몇 번이고 연산을 실행하면 어떤 계산이라도 가능할 것이다. 그림 6-6의 위 그림과 같이 광자를 사용한 양자비트를 많이 나열해서 많은 양자 텔레포테이션 회로에서 반복적으로 연산을 실행하면 된다. 이렇게 광 양자컴퓨터가 완성되었다고 하고 싶지만, 실제로는 그렇지 않다. 나중에 소개하겠지만 우리 팀이 개발한 양자 텔레포테이션 회로는 약 6제곱미터가 넘는 넓이에 500장이 넘는 거울 등의 부품을 배열해서 만든 것이다. 반복해서 몇 번이고 연산을 실행하려면 이런 장치가 몇 개나 필요하다. 4장에서 소개한 그로버 해법이나 화학 계산을 비롯한 다양한 계산을 실행하려면 도쿄돔이나 빌딩 한 채 혹은 그보다 큰 규모의 장치가 필요할 것이다. 그 정도 규모의 장치를 만들어서 제대로 동작하게 하는 것은 현실적이지 않다.

그래서 우리 팀은 2017년 9월에 '루프형 광 양자컴퓨터'라는 아이디어를 발명했다. 그림 6-6의 아래 그림처럼 많은 광자를 원형으로 나열해서 하나의 양자 텔레포테이션 회로를 몇 번이고 반복하는 루프 구조를 만든 것이다. 이를 이용하면 하나의 양자 텔레포테이션 회로로 무제한 반복 연산을 실행할 수 있다. 즉 아무리 연산 회수가 많아도 단 하나의 양자 텔레포테이션 회로를 탑재한 양자컴퓨터에서 최소한의 회로로 실행할 수 있다.

게다가 광섬유를 사용하면 1킬로미터 이상에 걸친 아주 긴 루프를 만들어서 많은 광자를 나열할 수 있다. 이것으로 다수의 광 양자 비트를 처리할 수 있는 대규모 광 양자컴퓨터를 만들 수 있는데, 광섬유는 빙글빙글 감아두면 그다지 공간을 차지하지 않기 때문이다. 이런 '루프형 광 양자컴퓨터' 아이디어는 듣고 보면 당연하다고 생각하는 '콜럼버스의 달걀'과 같다. 하지만 이런 단순한 아이디어 덕분에 대규모 양자컴퓨터를 만드는 데 필요한 부품 개수와 비용을 대폭 줄일 수 있다.

그림 6-6 광 양자컴퓨터를 만드는 방법

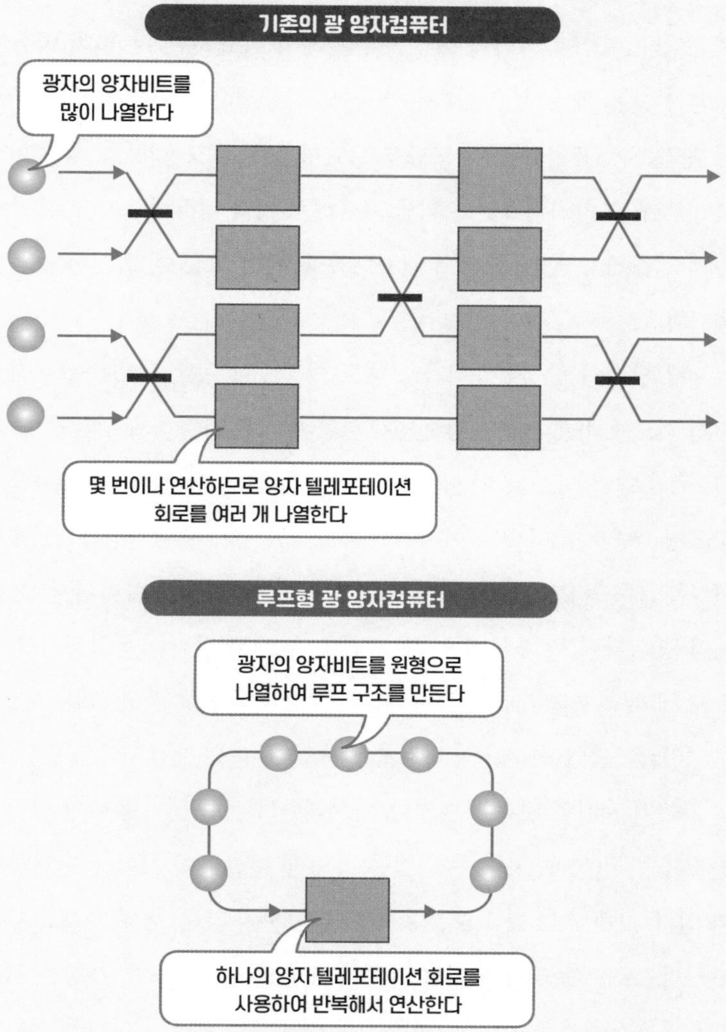

기존의 광 양자컴퓨터

광자의 양자비트를
많이 나열한다

몇 번이나 연산하므로 양자 텔레포테이션
회로를 여러 개 나열한다

루프형 광 양자컴퓨터

광자의 양자비트를 원형으로
나열하여 루프 구조를 만든다

하나의 양자 텔레포테이션 회로를
사용하여 반복해서 연산한다

우리 팀은 루프형 광 양자컴퓨터 아이디어를 떠올리고 실제로 개발에 착수했고, 2019년 5월에는 양자컴퓨터의 심장부를 개발하는 데 성공했다. 이로써 하나의 회로를 반복해서 사용하면 1,000회 이상에 걸친 연산을 계속할 수 있다는 사실을 입증했다. 이 결과로부터 루프형 광 양자컴퓨터 실현에 희망을 보았다. 앞으로도 개발을 계속하여, 우선 소규모 양자컴퓨터를 시험 제작해서 정말 생각했던 대로 동작하는지 검증하고 싶다. 그리고 대규모화를 위한 기술 개발도 진행할 계획이다.

광 방식의 양자컴퓨터라고 해도 어떻게 빛으로 정보를 표현하고 어떤 회로에서 계산을 실행하는가 하는 방식은 다양하게 생각할 수 있다. 우리 팀이 힘쓰고 있는 새로운 방식의 양자 텔레포테이션 기술과 루프형 광 양자컴퓨터 아이디어는 독창적인 것이다. 양자컴퓨터업계는 아주 뜨겁고 경쟁도 치열해서 접근 방식에 따라 다른 나라의 뒤를 쫓아가는 상황이 될 수도 있는데, 우리 팀은 직접 발견한 독창적인 방법으로 세계 최초의 대규모 양자컴퓨터 개발을 목표로 하고 있다.

지금까지의 연구가 축적되어 실용적인 광 양자컴퓨터를 향한 길이 보이기 시작한 것은 분명하다. 정상에 어떻게 오를지 몰랐던 험준한 산이지만, 정상에 오를 수도 있는 유력한 등산로가 보이는 단계까지 와 있다. 그래도 그 길을 오르는 것은 간단하지 않다. 현재 가지고 있는 도구만으로는 올라가기 어려운 곳이 몇 군데 있다. 특히, 가장 어려운 부분은 5장에서도 설명한, 오류 정정 기능을 제대로 집어넣는 것이라 할 수 있다. 현재의 광 양자컴퓨터는 아직 오류 정정을 제대로 실행할 정도의 규모나 성능에 도달하지 못했다. 그런 과제를 해결해가는 어려움은 지금부터 소개할 연구 개발 현장을 보면 이해할 수 있을 것이다.

실제
연구 개발 현장

전문적인 연구 개발 이야기는 이 정도로 하고, 이제부터는 실험실 투어에 초대하겠다. 생생한 실험 현장을 보고, 양자컴퓨터 개발은 어떤 수준인지, 힘든 점은 무엇인지, 무엇이 문제인지, 양자컴퓨터의 현재 상황을 있는 그대로 체감하기를 바란다. 물론 어떻게 연구 개발을 진행하는지 익숙하지 않으면 연상하기 어려울 것이다. 그래서 연구를 진행할 때 현장의 모습도 전할 생각이다.

4장에서 이야기한 대로, 양자컴퓨터 개발의 어려운 부분은 양자가 깨지기 쉽다는 점, 그리고 약간의 노이즈나 오차만 있어도 계산이 잘되지 않는 점이었다. 빛을 이용하려 해도 광자가 가지는 양자 성질을 가능한 한 깨지 않고 높은 정확도로 조작할 수 있는 장치를 만들어야 한다. 어느 정도 정확한 장치가 필요한지 연상하기가 어려울 것이다.

그림 6-7처럼 두 개의 반투명 거울(빛의 반은 투과하고 반은 반사하는 거울)에서 만나서 간섭할 때를 생각해보자. 이때 두 파동이 만난 순간의 마루와 골의 타이밍에 의해 보강이나 상쇄가 일어난다. 빛이 마루와 골을 반복하는 한 주기의 길이는 1,000분의 1밀리미터 정도다. 그래서 보강이나 상쇄 상태는 한쪽 빛의 경로 길이가 한 주기의 100분의 1 정도, 즉 10만 분의 1밀리미터만 어긋나도 상당히 달라진다. 그러므로 빛

그림 6-7 광 양자컴퓨터에 요구하는 정확도

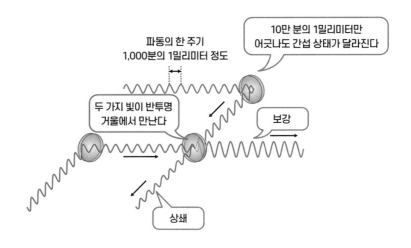

의 회로를 만드는 데 이 정도의 정확도로 만들어야 한다. 게다가 실험 장치가 흔들리거나, 공기 흐름이 있거나, 거울이 조금이라도 어긋나면 실험을 망치게 된다. 우리 팀의 실험 장치는 이 정도도 어긋나지 않도록 고안한 것이다.

그렇다면 이제 실험실을 안내하겠다. 우리 팀의 실험실은 도쿄대학교 혼고 캠퍼스에 있는 공학부 6호관에 있다. 이 실험실은 계절에 상관없이 항상 20℃로 유지된다. 실험에 사용하는 레이저에는 이 온도가 가장 적당하기 때문이다. 또한 온도가 바뀌면 물질이 늘어나거나 줄어들기 때문에 실험 장치는 온도가 1℃만 바뀌어도 각종 부품이 미묘하게 어긋난다. 그래서 공조 설비는 1년 365일, 24시간 계속 가동한다.

실험실 내부는 그림 6-8과 같다. 눈에 띄는 것은 두 개의 커다란 테이블이다. 이 테이블 전체 사진은 그림 6-9에서 확인할 수 있다. 테이블

그림 6-8 실험실 개요

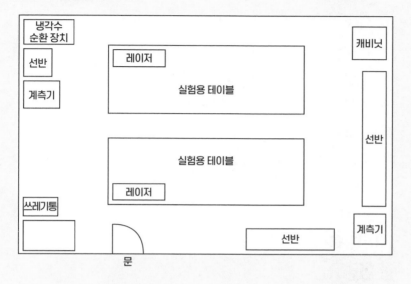

그림 6-9 실험용 테이블 전체 모습

광 회로 전체를 투명한 판으로 둘러싼다

테이블 위의 광 회로

의 크기는 4.2×1.5미터다. 약 6제곱미터가 조금 넘는다. 광 양자컴퓨터 개발은 이 테이블 위에서 빛의 회로를 만들어서 수행한다. 테이블은 휘어짐이 적고 진동이 잘 전해지지 않게 실험용으로 특별히 제작되었다. 그리고 공기압을 이용해서 둥실 떠 있는 상태다. 이는 지면 진동이 테이블에 전달되는 것을 막기 위해서다. 지진이 일어나도 건물이 심하게 흔들리지 않도록 건물 토대 부분에 설치하는 설비와 비슷한 원리다. 이렇게 해서 가능한 한 진동이 없는 실험 환경을 갖추어야 한다.

테이블 위
광 회로

테이블 위를 더 자세히 찍은 사진이 그림 6-10이다. 사진에서 보이는 것이 광 양자컴퓨터의 광 회로인데, 광자 한 개를 만들어서 계산을 실행한다. 광 회로는 진열장처럼 투명한 판으로 둘러싸여 있는데, 공기 흔들림에 영향을 받지 않게 하기 위해서다. 실온을 유지하기 위해 냉난방기가 뿜어내는 바람 때문에 빛의 경로가 흔들리는 것도 막아준다.

모든 빛은 한 대의 레이저 발생 장치에서 나온다. 이것은 레이저 포인터를 크게 만든 것이라 생각하면 된다. 여기에서 나온 빛을 굴절시키거나, 분기했다가 다시 만나게 하거나, 특수한 결정에 부딪혀서 광자를 만들거나 해서 빛의 회로를 만든다. 레이저 포인터에는 빨간 빛이 나오는 것과 초록 빛이 나오는 것이 있는데, 우리 팀의 실험에서는 적외선 레이저라는, 빨간색에 가깝지만 아슬아슬하게 사람 눈에는 보이

그림 6-10 테이블 위의 광 회로 모습

지 않는 레이저를 사용한다.

레이저 포인터의 빛은 아무런 조작을 하지 않으면 벽에 부딪힐 때까지 직진한다. 그러므로 빛의 회로를 만들려면 빛을 굴절시킬 때마다 거울로 반사해야 한다. 그래서 테이블 위에는 많은 거울이 촘촘히 배치되어 있다. 모든 거울은 그림 6-11처럼 기울기 조정용 손잡이가 달린 홀더에 고정해서 테이블 위에 설치한다.

그림 6-9와 그림 6-10은 2013년에 우리 팀이 개발한 양자 텔레포테이션 실험 장치다. 이 장치에 필요한 거울 등의 부품은 모두 500개 이상이었다. 그것을 하나하나 수작업으로 배열하고, 손잡이로 미세 조정한다. 당시까지 없던 새로운 광 회로를 개발하는 것이므로 전부 손으로 조립할 수밖에 없었다. 적당하게 배열하면 테이블 위의 공간이 모자라

그림 6-11 **거울**

이 손잡이를 돌려서
거울의 기울기를 미세 조정

거울

서 미리 컴퓨터로 어디에 거울을 설치할지 설계하고 나서 배치해야 한다. 거울의 위치와 각도는 매우 높은 정확도로 조정해야 한다. 그래서 이 장치를 조립하려면 상당한 인내심과 근성이 필요하다.

거울도 특별 주문한 고품질 거울을 사용한다. 집의 화장실 등에서 사용하는 거울의 반사율은 고작 90퍼센트 정도다. 즉 10퍼센트의 빛은 반사되지 않고 사라져버린다. 일상생활에서는 이 정도로도 문제가 없다. 하지만 이런 거울로 광 양자컴퓨터 회로를 만들수 없다. 거울에 부딪힐 때마다 광자가 10퍼센트씩 사라지기 때문이다. 정보를 가진 광자가 사라져버리면 계산은 실패한다. 그래서 가능한 한 높은 반사율(99.9퍼센트 이상)을 가지는 거울을 특별 주문해서 제작한다. 반사율 100퍼센트는 불가능하므로 사용하는 거울 개수를 가능한 한 줄이는

그림 6-12 광자를 발생하는 장치

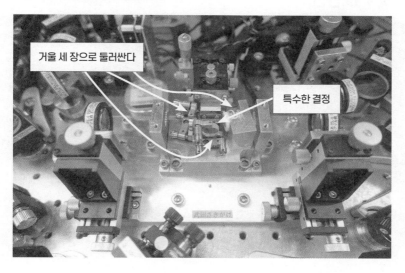

거울 세 장으로 둘러싼다

특수한 결정

등 설계상의 고안이 필요하다. 그래도 몇 퍼센트 정도의 광자 손실은 피할 수 없는 것이 현실이다.

　그림 6-12는 한 개의 광자 입자를 만드는 장치다. 가로·세로가 각각 1밀리미터, 길이가 10밀리미터인 특수한 결정을 거울로 감싸고, 이 결정에 레이저 광선을 쏘아서 광자를 만들어낼 수 있다. 이 장치의 부품도 하나하나 수작업으로 금속 덩어리를 깎아서 제작했다. 참고로 실험실 안에는 형광등 불빛이나 컴퓨터 디스플레이의 빛 등 온갖 곳에서 대량의 광자가 날아든다. 그런 광자가 계산에 사용하고 싶은 광자를 방해하지 않도록 해야 한다. 특히 광자 하나하나를 측정하는 장치를 사용할 때는 불필요한 광자가 섞이지 않도록 광 회로 일부를 검은 천으로 감싸거나 방의 조명을 끄기도 한다.

매우 예민한
광 회로

아무리 신경 써서 광 회로를 만들어도 여러 가지 어긋남이 생기는 것은 어쩔 수 없다. 온도 변화나 진동, 공기 흔들림 등을 완전하게 없앨 수는 없기 때문이다. 그래서 광 회로에는 자동으로 어긋남을 바로잡는 구조가 들어 있다. 어긋남을 감지하는 장치가 레이저 광선이 지나가는 위치와 빛이 다니는 경로를 항상 감시한다. 조금이라도 어긋나면 그것을 상쇄하도록 광 회로를 자동으로 조정한다. 이렇게 해야 비로소 10만 분의 1밀리미터의 어긋남도 일어나지 않는 광 양자컴퓨터가 제대로 동작하는 것이다.

테이블 위쪽에는 그림 6-13처럼 광 회로 조정을 담당하는 여러 장치가 쭉 배치되어 있다. 실제로 광 회로를 움직여서 계산을 실행할 때는 이런 자동 조정 기능을 전부 가동한 상태에서 방을 깜깜하게 하고, 어떤 소리도 발생하지 않도록 한다. 그만큼 조심해도 2013년에 우리 팀이 실현한 양자 텔레포테이션 장치의 정확도는 약 80퍼센트였다. 작은 어긋남이나 광자의 손실이 누적되어 합계 20퍼센트나 되는 오류가 발생하는 것이다.

광 회로를 작게 만들면 이런 오류를 줄일 수 있다. 그래서 우리 팀은 광 회로를 칩으로 만드는 연구도 진행하고 있다. 칩의 사진은 그림 6-14에서 확인할 수 있다. 테이블 위에 거울 등의 부품을 하나씩 수작업으로 두는 광 회로를 대신해서, 소형 칩에 빛이 다니는 길을 만들어서 광 회로를 제작하는 것이다. 하지만 아직 개발 중인 기술이다. 광 회

그림 6-13 광 회로를 안정적으로 유지하기 위한 전기회로

로를 만드는 데 필요한 부품 가운데 칩 위에서 치환할 수 있는 것이 아직은 한정되어 있어서 칩 고유의 다양한 오류가 생기는 것이다.

　전체적으로 광 양자컴퓨터 장치를 소개했다. 장치를 보면서 일반적인 컴퓨터와는 너무나도 외관이 다르다는 생각이 들 것이다. 혹은 이것이 미래의 컴퓨터인지 의아할 것이다. 하지만 우리가 지금 사용하는 컴퓨터도 초기에는 그림 6-15처럼 커다란 방을 가득 채우는 거대한 장치였다. 그것이 기술 발달과 함께 지금은 손바닥 위에 올라올 정도가 되었다. 현재 양자컴퓨터도 초기 컴퓨터와 같은 상황인 것이다.

그림 6-14 칩으로 만든 광 회로

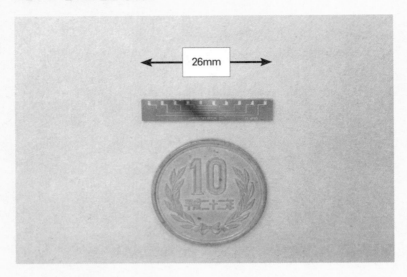

그림 6-15 초기의 컴퓨터(에니악)

고생스럽지만 즐거운
연구 개발 현장

광 양자컴퓨터 개발을 위해서는 세부까지 철저하게 정확한 장치를 만들어야 한다. 부품도 제조사가 판매하는 것만 사용하지는 않는다. 때로는 제조사에 부탁해서 특별 주문으로 만들기도 하고, 어떤 때는 직접 금속을 깎아서 부품을 만들거나 전기회로를 제작하기도 한다. 이처럼 필요한 부품을 직접 커스터마이즈해서 미세 조정한 후에야 비로소 세계와 경쟁할 만한 양자컴퓨터 장치를 만들 수 있다.

이렇게 제작하면 실패도 엄청나게 많이 한다. 고생해서 만든 광 회로인데 정확도가 부족하거나, 오랜 시간을 들여서 시험 제작했는데 전혀 작동하지 않는 일은 흔하다. 하지만 그런 실패 속에서 계속 만들어가는 것이 연구 개발의 참맛이다. 비유하자면 레고블록으로 좋아하는 형태를 만드는 것과 같다. 레고블록은 자유로운 발상으로 마음대로 조합해서 자동차나 성과 같은 것을 만들 수 있다. 시험 삼아 블록을 끼워보고 그게 아니면 다른 블록으로 해보거나 구조를 변경하는 식으로 시행착오를 겪기도 한다. 그런 고생 끝에 생각했던 형태를 완성했을 때 그 희열은 매우 크다. 광 양자컴퓨터를 만드는 것도 마찬가지다. 고생도 있지만, 이런 것을 만드는 즐거움을 맛보는 동안에 나도 연구에 빠져들었다.

연구 개발에는 당연히 시간이 걸린다. 우리 팀의 연구실은 대학생과 대학원생 2~3명이 함께 하나의 프로젝트를 맡는다. 연구 아이디어부터 시작해서 설계, 개발, 평가를 진행하고, 성과를 얻기까지는 반년에서 몇 년이 걸리기도 한다. 한편, 세계는 넓고 같은 연구를 진행하는 연구 그룹이 어딘가에 있을 수도 있다. 양자에 관한 논문만 해도 매일같이 수십 건이나 인터넷에 공개되고 있다. 연구는 최초가 아니면 의미가 없다. 자신이 목표로 하는 연구를 세계의 다른 누군가가 먼저 해버리면 패배인 것이다.

그러므로 세계에서 유행하는 연구나 다른 나라의 뒤를 따라가는 연구로 경쟁하는 것은 좋은 전략이라고 할 수 없다. 그래서 우리는 이제껏 유례없는 독창적인 방법으로 광 양자컴퓨터라는 다크호스를 개발하고 있다. 우리는 광 양자컴퓨터가 만들어지면 최강의 양자컴퓨터가 될 것으로 확신한다. 냉동기나 진공 용기가 필요 없고, 고속으로 작동하며, 게다가 통신까지 가능한 전지전능한 양자컴퓨터가 될 테니까 말이다.

광 양자컴퓨터,
아직 갈 길이 멀다

우리가 개발하고 있는 광 양자컴퓨터의 현재 상황을 소개했다. 충분히 이해했으리라 생각하지만, 현재의 광 양자컴퓨터는 아직 도움이 되는 계산을 실행할 만한 수준은 아니다. 우리의 연구 성과가 축적되면서 규모를 크게 만드는 길이 보이기 시작했지만, 아직은 한 개의 양자비트에 연산을 여러 번 실행할 정도의 광 회로를 만드는 것이 고작이다. 연산을 실행하기 위해 사용하는 양자 텔레포테이션 회로 역시 현재로서는 정확도가 80퍼센트 수준이다. 5장에서 설명한 대로 오류를 정정하려면 손익분기점을 웃도는 99퍼센트 이상의 정확도가 최저 요건이므로 갈 길이 아직도 멀다.

실망한 독자도 있을 것이다. 하지만 이것이 광 양자컴퓨터 개발의 현실이다. 정말 이대로 진행해서 정확도 99퍼센트 이상을 달성할 수 있을까? 양자비트 개수를 100만 개 정도까지 늘릴 수 있을까? 미해결 과제는 아직 너무도 많다. "정말 양자컴퓨터를 만들 수 있을까요?"라는 질문을 받아도 현시점에서는 알 수 없다. 하지만 원리적으로 불가능하다고 증명되지 않는 이상 어딘가에 길이 있게 마련이라고 믿고 있으며, 그만큼 어려워도 할 만한 가치가 있는 연구라고 생각한다.

게다가 우리는 광 양자컴퓨터의 과제를 극복할 아이디어를 몇 개나 가지고 있다. 예를 들어 광 칩을 잘 만들면 정확도가 훨씬 높아질 수도 있다. 광 양자컴퓨터 특유의 새로운 오류 정정 방법을 찾아내면 정확도 80퍼센트로도 오류를 정정할 수 있을 것이다. 양자비트의 개수를 늘리는 것에 대해서는, 우리가 발명한 루프형 광 양자컴퓨터도 해결책 가운데 하나라고 생각한다. 이런 아이디어를 하나씩 현실화한다면, 광 양자컴퓨터는 앞으로 극적으로 성장해서 최강의 양자컴퓨터가 될 수 있는 잠재력이 있다. 나는 광 양자컴퓨터야말로 가장 유력한 후보라 믿고 연구를 진행하고 있다.

이제 막
산을 오르기 시작했다

　현재의 광 양자컴퓨터는 아직 멀었다고 말했지만, 그런 것은 광 양자컴퓨터만이 아니다. 정도의 차이는 있지만 다른 방식도 아직 갈 길이 멀고 각각의 과제에 직면해 있다. 하지만 연구자는 틀림없이 해결책이 있다고 믿고 눈앞의 문제를 해결하기 위해 애쓰고 있다. 양자컴퓨터를 만드는 목표는 너무 어려워서 연구팀 하나만으로 가능한 일이 아니다. 전 세계의 누군가가 과제 하나를 해결하면, 그 지식을 모두가 공유하며 인류는 착실하게 한 걸음씩 앞으로 나아가고 있다. 그렇게 여러 가지 지식을 끈기 있게 쌓아가면 언젠가는 양자컴퓨터가 완성될 것으로 믿고 연구를 진행하고 있다.

　양자컴퓨터 개발을 진행하려면 장치를 만드는 연구만으로는 부족하다. 현대의 컴퓨터도 인간이 풀고 싶은 문제를 컴퓨터 장치로 제대로 풀려면 여러 단계의 작업이 필요하다. 우선, 문제를 어떤 순서로 풀지 해법을 생각한다. 다음으로 인간이 그 해법을 컴퓨터가 실행하도록 명령(프로그램)을 작성한다. 컴퓨터는 그 명령을 2진수를 사용해 컴퓨터 언어로 번역한다. 그리고 실제 장치가 동작하는 데 제약을 생각하고 오류를 정정하면서 계산을 실행하는 구체적인 순서를 생각한다. 그래야 겨우 실제 장치, 즉 트랜지스터 등을 움직여서 계산을 실행할 수 있는 것이다. 최종적으로 양자컴퓨터 전체를 제대로 작동하게 하는 데는 이런 과정 하나하나에 관한 연구가 아직 부족하다. 전 세계의 다양한 분야의 전문가들이 하나가 되어 이런 문제를 해결하기 위해 노력할 필요가 있다.

양자컴퓨터 연구 개발은 이제 막 험한 산길을 오르기 시작한 것이나 마찬가지다. 우리의 생활을 바꿀 만한 고성능 양자컴퓨터를 완성하려면 앞으로 몇 년이 더 걸릴지 알 수 없다. 그래도 20~30년 전에는 꿈 같은 이야기라고 생각했던 양자컴퓨터가 기술 축적을 통해 오늘날에는 어느 정도 모양을 갖춰가고 있다. 앞으로 수십 년 안에 틀림없이 예상을 초월할 만큼 진보할 것이다. 양자컴퓨터는 과제를 하나하나 어느 정도 수준까지 해결해가면 반드시 실현할 수 있다는 근거가 충분하고, 실현한다면 우리의 생활을 확 바꿀 힘이 있는 것은 틀림없다. 그런 가슴 설레는 미래 장치를 직접 만들 수 있다. 그런 꿈과 희망을 계속 추구할 수 있는 것이야말로 연구의 참맛이라고 생각한다.

| 칼럼 5 |

광양자가 활약할 미래

광 양자컴퓨터의 연구 개발에 관해 소개했는데, 빛의 양자 성질을 사용해서 성능이 향상되는 것은 컴퓨터만이 아니다. 빛의 양자 성질을 활용해서 지금보다 편리한 정보 사회를 실현하기 위한 다양한 연구가 전 세계적으로 진행되고 있다(그림 6-16).

그 가운데 하나가 암호 기술이다. 현재의 인터넷 통신은 타인에게 도청당해도 통신 내용을 알 수 없도록 정보를 암호화해서 주고받는다. 하지만 앞에서 이야기한 대로 양자컴퓨터가 만들어지면 현재의 암호는 깨진다. 그래서 광자의 성질을 사용해서 양자암호라고 불리는, 원리적으로 깨지지 않는 새로운 암호를 만든다. 이 암호는 측정하면 중첩이 깨진다는 양자의 성질을 사용한다. 이 성질 덕분에 행여라도 나쁜 사람이 정보를 실어나르는 광자를 훔쳐서 측정하면 광자의 중첩이 깨져버린다. 그 결과, 통신하는 사람들은 도청당했다는 것을 알아차리게 된다. 이런 원리에 의해 양자암호를 사용하면 안전하게 통신할 수 있다.

빛의 양자 성질은 고속 데이터 통신에도 응용할 수 있다. 최근에 인터넷을 통해서 주고받는 정보량이 해마다 매우 빠른 속도로 증가하

그림 6-16 광양자의 성질을 사용한 다양한 응용 분야

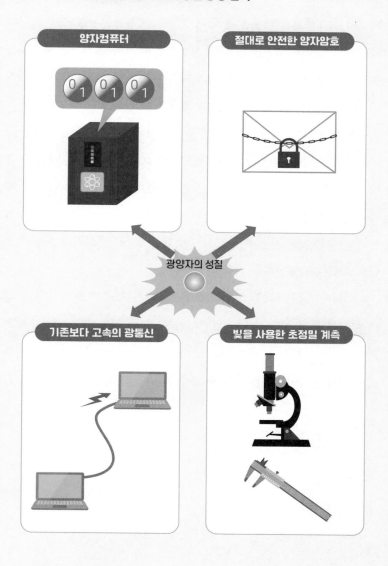

고 있다. 스마트폰이나 태블릿 단말기 등 주변에 있는 각종 장치로 인터넷에 접속하고 인터넷을 통해 동영상을 시청하는 서비스가 보급되었기 때문이다. 이로 인해 현재의 광섬유를 사용한 통신 시스템으로는 통신량이 한계에 다다르고 있다. 빛의 양자 성질을 사용하면 지금까지의 기술로는 실현할 수 없었던 고속 광통신이 가능해질 것이다.

응용 분야는 여전히 많다. 빛을 물질에 쏘아서 물질의 상태를 측정하여 조사할 수도 있고, 어떤 장소까지 갔다가 돌아오는 시간을 측정하면 거리를 측정하는 데도 사용할 수 있다. 이렇게 빛을 사용한 계측에서도 빛의 양자 성질이 도움이 된다. 예를 들어 양자의 성질을 활용한 특수한 빛을 사용해서 고감도 광학현미경을 만들거나 초정밀 수준으로 길이를 측정하는 것도 가능하다.

이렇게 빛을 사용한 양자 기술은 양자컴퓨터에만 그치지 않는 매력적인 연구 분야다. 광 양자컴퓨터의 연구 개발은 이런 관련 분야의 기술도 발전시켜준다. 곧 사회의 구석구석까지 빛의 양자 기술이 침투해서 그것이 당연해지는 세상이 올 수도 있다.

◑ 우리 연구팀은 직접 찾아낸 독창적인 방법으로 광양자 컴퓨터의 과제를 극복해서, 일본
에서 시작한 세계 최초의 대규모 양자컴퓨터 실현을 목표로 한다.

◑ 광 양자컴퓨터 실험 장치는 광자의 양자 성질을 가능한 한 깨지 않고, 높은 정확도로 조
작할 수 있도록 고안되어 있다. 그래도 현재의 광 양자컴퓨터의 정확도와 규모는 아직
부족하다.

◑ 양자컴퓨터 개발 현장은 화려하지 않고 투박하며 어려운 상황의 연속이다. 그래도 꿈과
희망을 좇아서 만들기를 즐기며 퍼즐을 풀고 한 걸음씩 전진해가는 연구는 재미있다.

이 책을 읽은 여러분이 양자컴퓨터가 어떤 것인지 그 실체를 파악했는지 궁금하다. 양자컴퓨터가 뭐든 빨리 풀 수 있는 만능 컴퓨터라거나 몇 년 후에 실용화되기를 기대하던 사람이 이 책을 읽었다면 어쩌면 실망했을 것이다. 그래도 양자컴퓨터는 세상을 바꿀 수 있는 잠재력을 갖추고 있고, 긴 세월이 걸리더라도 인류가 도전할 만한 가치가 있음을 이해했을 것이다. 이 책에서는 아직 내 역량이 부족해서 전하지 못한 것도 있다. 그래도 흥미를 느끼고 있는 독자들이 양자컴퓨터에 관해 알 수 있는 계기가 된다면 좋겠다.

원래 이 책을 쓰게 된 계기는 2019년 2월에 도착한 한 통의 메일이었다.

"일반인을 위한 양자컴퓨터 책을 써보지 않겠습니까?"

내가 과거에 썼던 기사를 읽은 출판사의 편집자가 보낸 메일이었다. 솔직히 처음에는 받아들일 생각이 없었다. 양자컴퓨터 전문가는 많고, 이미 양자컴퓨터를 일반인에게 소개하는 책도 몇 권인가 시중에 나와 있다. 내가 굳이 책을 쓸 이유가 없었다.

하지만 메일을 받은 후에 서점에서 양자컴퓨터 관련 서적을 읽어보고 마음이 바뀌었다. 누구라도 읽을 수 있는 양자컴퓨터 책은 거의 없고, 전문가가 아닌 사람이 쓴 책이나 잡지 특집 기사에는 정확하지 않은 내용도 있었다. 양자컴퓨터의 원리는 물론이고, 그 생생한 실체는 실제로 개발하고 있는 전문가가 아니면 전할 수 없는 법이다. 일본에서 양자컴퓨터 전문가는 그렇게 많지 않고, 그 가운데서도 실제로 개발에 종사하는 사람은 더 적다. '그렇다면 내가 해보자. 잘될지는 모르지만, 적어도 나만이 쓸 수 있는 내용도 있을 것이다'라는 생각이 들었다.

일반인을 위한 책 집필은 처음 해보는 일이었다. 그래서 이 책을 완성하기 위해 많은 분의 지도와 협력을 받았다. 이 글을 마치며, 도움을 주신 분들께 감사의 말씀을 남기고 싶다.

먼저 도쿄대학교의 후루사와 아키라 교수에게서는 대학 4학년 때부터 오랫동안 지도를 받았다. 후루사와 교수의 지도가 있었기에 연구자의 길을 선택할 수 있었다. 후루사와 연구실 동료에게서는 이 책을 쓰는 데 필요한 여러 지식을 배웠다. 이 책을 집필할 때는 다케가와 히로토, 후쿠이 고스케, 야마자키 고헤가 원고를 읽고 다른 관점에서 유익한 조언을 많이 해주었다. 기술평론사의 사토 다케키는 이 책을 쓸 계기를 만들어주었고, 원고 집필부터 확인, 편집에 이르기까지 꼼꼼한 도움을 받았다. 여러분의 지도가 없었다면 이 책은 세상에 등장하지 못했을 것이다. 진심으로 감사드린다.

끝으로 나의 부모님과 장인장모님, 그리고 아내는 이 책의 집필뿐만 아니라 평소 연구를 응원해주었다. 감사드린다.

다케다 슌타로

이 책을 읽은 후에 양자컴퓨터에 관해 좀 더 알고 싶다면 다음 책을 추천한다.

➜ 쉬운 문장으로 이해하고 싶은 독자를 위한 책

이 책에서 해설한 것처럼 양자컴퓨터의 역사와 계산 원리에 관해 좀 더 깊이 알고 싶은 독자에게는 다음 책을 추천한다.

《양자컴퓨터 – 초병렬 계산의 원리》, 다케우치 시게키 지음, 고단샤
(2005년)(量子コンピュ―タ_超竝列計算のからくり》)

《경이로운 양자컴퓨터: 우주 최강 기계를 향한 도전》, 후지이 게스
케 지음, 이와나미서점(2019년)(《驚異の量子コンピュ―タ:宇宙最強マシンへ
の挑戦》)

한편, 양자컴퓨터 기초부터 최신동향까지 다양한 지식을 익히고 싶은 독자에게는 다음 책을 추천한다.

《그림으로 이해하는 양자컴퓨터의 원리》, 우츠기 다케루 지음, 도쿠나가 유키 감수, 쇼에이샤(2019년)(《繪で見てわかる量子コンピュータの仕組み》)

《가장 알기 쉬운 양자컴퓨터 교본》, 미나토 이치로 지음, 임프레스(2019년)(《いちばんやさしい量子コンピュータの教本》)

내가 개발하고 있는 빛을 사용한 양자컴퓨터에 관해 상세하게 알고 싶은 독자에게는 나의 은사인 도쿄대학교의 후루사와 아키라 교수가 집필한 다음 책을 추천한다.

《광양자 컴퓨터》, 후루사와 아키라 지음, 슈에이샤 인터내셔널(2019년)(《光の量子コンピュータ》)

다음 홈페이지에서는 양자컴퓨터 전문가가 양자컴퓨터에 관한 다양한 내용을 소개한다.

Qmedia: https://www.qmedia.jp/

➜ 수식을 사용해서 제대로 공부하고 싶은 독자를 위한 책

아래의 책은 대학교 1~2학년 강의에서도 사용하는 양자컴퓨터 입문서다. 수식을 사용해서 양자컴퓨터의 기본 계산 규칙부터 오류 정정 방법까지의 기초 사항을 꼼꼼하게 설명한다.

《양자컴퓨터 입문(제2판)》, 미야노 겐지로, 후루사와 아키라 지음, 일본평론사(2016년)(《量子コンピュータ入門(第2版)》)

본격적으로 공부하고 싶은 독자에게는 세계적으로 유명한 교과서인 다음 책을 추천한다.

《양자컴퓨터와 양자통신 1~3권》, 마이클 닐슨, 아이작 청 지음, 옴사(2004~2005년)(《Quantum Computation and Quantum Information》, Nielsen Michael, Isaac Chuang, Cambridge University Press / 일어 번역판, 《量子コンピュ—タと量子通信I~III》)

처음 읽는 양자컴퓨터 이야기

양자컴퓨터, 그 오해와 진실
개발 최전선에서 가장 쉽게 설명한다!

1판 1쇄 발행일 | 2021년 11월 11일
1판 5쇄 발행일 | 2023년 9월 27일

지은이 | 다케다 슌타로
옮긴이 | 전종훈
감   수 | 김재완

펴낸이 | 박남주
펴낸곳 | 플루토

출판등록 | 2014년 9월 11일 제2014-61호
주소 | 10881 경기도 파주시 문발로 119 모퉁이돌 304호
전화 | 070-4234-5134
팩스 | 0303-3441-5134
전자우편 | theplutobooker@gmail.com

ISBN 979-11-88569-28-1 03420